서양 가구의 역사

조숙경

머리말

인간이 필요에 의해서 만든 도구 중에 가장 오래된 것은 의식주에 관련된 것이리라. 세계 최초의 가구는 스코틀랜드의 오크니 제도에서 발견된 신석기 유적의 돌침대이다. 이것은 현대의 가구처럼 이사 갈 때 쉽게 옮길 수 없는 것이지만, 땅바닥에서 자는 것보다 이로운 점이 있어서 만들어졌다. 이렇게 시작된 가구의 역사는 현재까지 많은 양식을 탄생시키면서 발전해 왔으며, 이는 입식문화 위주의 서양에서 더욱 두드러진다.

그동안 여러 저자에 의해 간간이 서양 가구의 역사 관련 출판이 이루어지다가 절판된 이후로 이렇다 할 책이 없었다. 2012년에 출판했던 『독일가구디자인』이라는 책을 개정하면서 이 책을 쓰기로 결정했는데, 그 이유는 독일가구디자인이 서양 가구의 역사에서 차지하는 부분이 컸기 때문이다. 유럽의 다른 나라와 미국의 가구를 조금 추가하면 되는 작업이어서 시작한 책인데, 이 글을 쓰면서 마치 세계적인 디자이너가 된 듯한 착각을 느꼈다. 본의 아니게 가구관련 책을 여러 권 썼지만 내 꿈은 역사에 남는 의자를 디자인하는 것이다. 이제 그 꿈을 이루는데 한 발짝 내디딘 듯하다. 왜냐하면 역사에 남기 위한 가구의 조건이 이 책을 통해 뚜렷하게 정리되었기 때문이다.

한국을 대표하는 가구디자이너를 꼽으라면 딱히 떠오르는 사람이 없다. 그래서 다행스럽기도 하고 안타깝기도 하다. 다행스러운 건 내게도 기회가 있다는 것이고, 안타까운 건 우리나라의 현실이 열악하기 때문이다. 내가 쓰고 싶은 마지막 책이 있다면 '동양 가구의 역사'이다. 이것을 저술하기 위해서는 우리나라를 대표하는 세계적인 디자이너가 1~2명 정도는 나와야 하기 때문에 나도 남은 시간을 디자인에 전념할 생각이다. 이 책이 우리의 가구를 세계에 알리는 그날을 위해 매진하는 가구 관련 종사자들에게 많은 도움이 되길 바란다.

서양 가구의 역사는 시대별로 크게 고대(기원전 3000~기원후 476년), 중세(477~1452년), 근대(1453~1945년), 현대(1946~2023년 현재)로 나누었다. 세부적으로는 근대를 1차 산업혁명(1750~1830년)을 기점으로 근대 전기(1453~1815년)와 근대 후기(1816~1945년)로 분류하였다. 근대와 현대는 제2차 세계대전이 끝나는 1945년을 기점으로 나누었다. 제시된 가구는 기술적으로나 미적으로 역사에 지대한 영향을 미친 것을 선정하였으며, 이해를 돕기 위해 해당 양식과 디자이너에 대한 설명을 추가하였다. 또한 가구의 규격, 재료, 제작 기법 그리고 특징에 관해 기술하고, 맨 뒤에는 가구의 변천사를 한눈에 볼 수 있도록 연보를 만들었다.

저자 조숙경

목차

이집트

그리스

로마

고대

(BC 3000~476년)

제 1 장 고대 (BC 3000~476년)

가구(家具)란 집에서 사용하는 도구를 말하는데, 현대에 들어와서는 그 도구의 범위가 좁아졌다. 즉, 과거에는 전기를 사용하는 가전제품이 없었으며, 집 안에서 사용하는 도구의 종류도 세분화되지 않았으나 현대에는 전기제품 또는 냄비나 국자와 같은 부엌 도구 등을 제외한 것에 한정한다. 반면에 실내뿐만 아니라 실외에서 사용하는 가구의 등장으로 가구의 범위가 실내에 국한되지 않고 실외로 더 넓어졌다. 과거에는 공공장소나 거리에 가구가 없었으나, 현대에 들어서 '거리가구(Street Furniture)'라는 명칭과 함께 벤치, 평상, 쓰레기통 등이 생겨났다. 즉, 가구란 실내와 실외에서 사용하는 도구로 물건을 수납하며, 걸터앉거나 눕고, 몸을 지지해 주는 도구를 말한다.

동·서양에서 사용되는 가구의 사전적 정의를 살펴보면, 중국의 경우 넓은 의미로는 인류가 정상적인 생활을 유지하고 생산에 종사하거나 사회활동을 전개하는 데 있어 불가결한 가구를 일컫는다. 좁은 의미로는 생활과 일 혹은 사회적 활동에 있어 사람들이 앉고, 눕거나 지탱하며 물품을 저장하는 가구를 가리킨다. 영어의 퍼니처(Furniture)는 탁자, 의자 혹은 침대처럼 방 안에 앉거나 눕고, 물건을 수납하는 데 사용되는 큰 물건을 의미한다. 독일어로 가구는 뫼벨(Möbel)이라고 하며, 집기나 실내장식품을 말한다. 뫼벨은 모빌리스(mobilis)라는 라틴어에서 유래한 것으로 '움직일 수 있는, 활발한' 이란 뜻을 가지고 있어 '가구는 움직일 수 있는 것'이라는 뜻을 내포한다. 이러한 측면에서 좋은 가구란 한 사람이 쉽게 움직일 수 있도록 가볍게 만들어져야 하는 것이다.

서양에서 가장 오래된 가구는 스코틀랜드 오크니(Orkney) 제도에서 발견된 신석기 시대의 돌침대와 돌찬장이다. 1850년에 발견된 오크니 제도에 있는 스카라 브레(Skara Brae) 마을은 500~1000년이 넘게 번영하다가 기원전 2000년경에 사라졌다. 8개의 가옥이 출토된 이곳은 북유럽 신석기인들의 문화를 알 수 있는 가장 오래된 장소로 양쪽 벽 안으로 돌침대가 있다. 땅바닥에서 올라오는 습기와 찬 기운을 피하고, 해충으로부터 보호받기 위해 높이가 있는 돌침대를 만들어 사용했을 것이다. 중앙에는 난로가 있으며, 뒤쪽에는 돌로 된 2층 찬장이 있다. 위에서 살펴본 가구 개념에 비추어 볼 때, 돌침대와 돌찬장은 하나의 덩어리로 되어있지 않아 운반하기가 어렵기 때문에 이사할 때 가지고 갈 수 없으므로 새로 정착하는 곳에 다시 만들어야 한다. 즉, 선사시대의 가구는 현재의 가구 개념과 다른 움직일 수 없는 붙박이식의 집안에서 사용하는 도구인 것이다.

1.1 신석기 돌침대, 스코틀랜드

고대의 가구는 이집트, 그리스, 로마로 분류하여 알아본다.

1 이집트(기원전 3200~기원전 332년)

나일강 유역에 세워진 이집트는 32개 왕조의 역사를 가진 나라로 계급사회이며 종교의 지배를 받았다. 신들이 동물형상으로 표현되었으며, 상반신은 인간이고, 하반신은 동물인 반인반수가 나타난다. 가구는 좌식과 입식의 구분이 불분명하고, 신성한 물건으로 인식되어 지배계급만 사용할 수 있었다. 이집트 가구에 사용된 재료는 목재를 중심으로 석재, 금속, 안료, 석고, 상아, 도기(파이앙스: faïence), 준보석 등이다. 파이앙스는 유약을 칠한 도기로 석영 모래, 분쇄 석영, 석회, 식물 재 등으로 만든 세라믹의 일종이다. 대부분이 사막인 이집트엔 나무가 드물어 백향목과 같은 목재를 수입하였으며, 자생한 나무로는 아카시아가 있다. 가구 제작기법에는 연귀와 장부촉짜임 그리고 각종 이음기법이 적용되었다. 장식에 사용된 문양은 기하학, 상형문자, 동물, 식물 등이며, 이러한 경향은 메소포타미아 고대국가인 아시리아(Assyria)와 그리스 장식에 영향을 미쳤다.

나무로 만든 침대는 고대 이집트 시대에 접어들면서 왕족이나 귀족들만 사용하였는데, 이집트 박물관에 소장된 경사형 침대(그림 1.2)는 머리 쪽이 높고 발 쪽이 낮다. 이것은 왕족의 머리를 중요시하는 당시의 경향이 반영된 것이나 이전의 것과 달리 발판이 있는 것이 특징이다. 발판은 침대의 경사로 인해 인체가 아래로 밀려 내려가는 것을 방지하기 위해 만들어졌을 것으로 추측되며, 다리는 동물 다리를 형상화했다. 목재로 된 다리와 침대 틀에 금칠을 하였으며, 침대 판은 사각형의 가죽 틀 안에 식물줄기로 엮어 만들었고, 이 가죽 틀을 다시 목재 틀과 다리에 가죽 끈으로 묶었다.

1.2 경사형 침대, BC 2613~2494년, 이집트박물관

헤테프헤레스(Hetepheres) 안락의자(그림 1.3)는 약 4500년 전 고대 이집트 제4왕조(기원전 2613~기원전 2494년경)인 헤테프헤레스 1세의 무덤에서 발견되었다. 여왕이 사용한 것으로 추정되는 이 의자는 앞다리의 높이가 뒷다리보다 높아 좌판이 엉덩이 쪽으로 기울어져 있으며, 다리는 사자발 모양이다. 팔걸이 측면엔 나일강 유역에서 자라며, 종이 재료로 사용했던 파피루스(papyrus) 꽃 3줄기를 끈으로 묶은 형태를 조각하여 부착하였다. 팔걸이와 등받이 그리고 좌판 틀에는 금박을 붙여 마감하였다.

1.3 헤테프헤레스 안락의자, 기원전 2613~기원전 2494년경, 카이로박물관

X자형 스툴은 왕실이나 상류층의 행사에 사용했던 것으로 접이식과 그렇지 않은 것으로 나뉜다. 접이식은 X자의 가운데 축을 중심으로 접혀야 하므로 좌판이 가죽으로 연결되어 있어 이동에도 용이하다. 접이식 스툴(그림 1.4)은 기원전 1500년경 18왕조 때의 것으로 추정되며, 다리 끝은 마치 네 마리의 오리가 둥근 나무를 물고 있는 형태이다. 오리머리의 눈과 콧구멍 그리고 목에도 상아로 상감하였으며, 좌판은 좌우의 둥글게 휘어진 얇은 판에 가죽을 연결해 만들었을 것으로 추측된다.

1.4 접이식 스툴, 기원전 1500년경, 이집트

2 그리스(기원전 2000~기원전 800년)

그리스 문화는 이집트와 메소포타미아의 영향을 받았으며, 신과 인간의 형상이 동일한 신인동형론이 나타난다. 신과 영웅, 그리고 인간의 이상적인 아름다움을 재현하고자 했으며, 종교와 밀접한 관련이 있다. 극장이나 신전과 같은 건축이나 조각의 재료로는 목재, 석회암, 대리석, 청동 등이 사용되었다. 가구는 인간중심의 디자인이 시작되면서 이집트보다 기능적으로 흐르며, 조각과 상감기법이 사용되었다. 정교한 비례와 우아한 선이 특징이며, 입식생활이 뚜렷하게 나타난다. 가구에 주로 사용된 나무는 참나무, 단풍나무, 버드나무, 너도밤나무이며, 그 외에 상아, 거북이 등껍질, 금과 같은 재료도 사용되었다.

1.5 클리스모스, 그리스

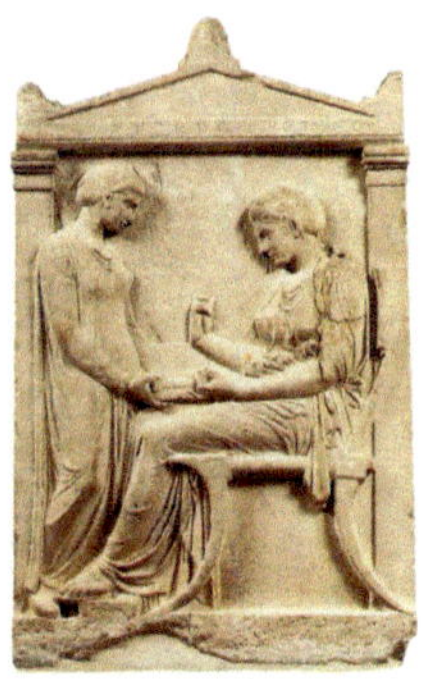

1.6 헤게소벽화, 그리스

클리스모스(Klismos)는 헤게소(Hegeso)벽화에서도 볼 수 있는데, 원목으로 만들어진 등받이와 다리 그리고 가죽 끈으로 엮은 좌판으로 구성된다. 등받이부터 뒷다리로 이어지는 'S'자형과 앞다리의 곡선이 부드러우면서도 역동적인데, 이것은 현대에 이르기까지 의자디자인의 모티브가 되고 있다.

3 로마(기원전 753~기원후 476년)

고대 로마는 기원전 8세기경 이탈리아 중부의 작은 마을에서 시작되어 지중해를 아우르는 거대한 제국으로 성장하였다. 그리스 문화의 영향을 받은 로마 시대에는 6계급으로 나눠진 계급사회였으며, 그리스와 로마 문화가 분리될 수 없다는 그레코로만(Greco-Roman) 양식이 탄생하였다. 로마의 예술은 이후 르네상스 시대에 다시 부활한다. 로마의 가구는 지나치게 정교하고 화려하며, 육중하다. 또한 당시의 강력한 군사력을 상징하는 철제의자와 침대 겸용의 의자가 출현하였다. 가구 재료로는 목재를 중심으로 대리석과 청동이 사용되었으며, 목재는 너도밤나무, 참나무, 버드나무 등이 주류를 이룬다.

폼페이(Pompeii) 유적에서 발굴된 렉투스(Lectus, 그림 1.7)는 청동과 상아로 만들어졌으며, 누워서 식사할 때 사용하는 소파 겸 침대이다. 이것은 발굴된 파편으로 재조립되었는데, 다리에는 사냥꾼, 말, 사냥개와 프리즈라는 트로이 청년이 조각되어 있다. 침대 틀 측면에는 유리를 세공하여 상감한 눈을 가진 사자가 있으며, 발판에는 날개 달린 큐피드와 표범이 조각되어 있다.

1.7 렉투스, 로마

위에서 살펴본 바와 같이 고대의 가구는 왕족이나 귀족만이 사용할 수 있는 것으로 신성시되어 왔다. 당시에 사용했던 가구에는 스툴, 의자, 침대, 함, 탁자 등이 있었으며, 주재료는 원목이다. 그 외에도 철재, 석재, 상아, 도기, 거북이 등껍질, 유리, 가죽, 금칠 등이 사용되었으며, 형태는 기능에 충실해 단순하다. 제작기법에는 장부촉짜임과 이음을 사용해 부재를 결합시키고, 목재 조각과 상아나 유리의 상감으로 장식효과를 주었다. 표면처리는 광물로 만들어진 안료와 석고 그리고 금칠로 마감하였다.

로마네스크

고딕

르네상스

중세

(477~1452년)

제 2 장 중세 (477~1452년)

중세의 가구는 로마네스크, 고딕, 르네상스로 분류하여 알아본다.

1 로마네스크(Romanesque, 10~12세기)

로마네스크는 중세 초기에 서유럽에서 성행한 기독교 미술 양식으로 로마풍의 양식을 뜻한다. 바빌로니아와 아시리아를 일컬으며, 비잔틴 양식과 지방문화가 융합된 것이다. 1075년부터 1125년까지 절정에 달했으며, 영국에서는 노르만 양식(Norman style)이라고도 불렀다. 성서를 모티브로 하였으며, 석조 성당의 둥근 천장, 창, 입구 따위에 반원의 아치형태가 특징이다. 전해져오는 유물이 거의 없으나, 당시에 사용된 가구로는 뚜껑이 있는 큰 상자로 유용하게 사용된 체스트(chest), 스툴, 의자, 상자, 침대 등이 있으며, 가구 재료로는 원목을 중심으로 철과 가죽이 쓰였다. 제작에는 조각과 장부맞춤 그리고 축을 중심으로 재료를 회전시켜 원기둥이나 원뿔 또는 구 모양을 깎아내는 선삭 가공법이 사용되었다. 조각이나 장식의 모티브로는 식물 잎이나 줄기 그리고 사자와 같은 동물이 사용되었다.

중세의 문서에 금속으로 된 접이식 의자에 대해 다음과 같이 기술되어 있으나 전해지는 유물은 없다. 이동에 용이하도록 가볍고 접을 수 있으며, 팔이나 등받이가 없는 X자형 스툴인 포데스퇴유(Faudesteuil)는 좌판이 가죽으로 되어 반으로 접을 수 있다. 이와 유사한 의자가

1400년에 지어진 프랑스 바이외(Bayeux)대성당에 유물(그림 2.1)로 남아 있다. 이 의자는 접이식 X자 스툴과 같은 형태를 띠고 있으나, 실제로는 접을 수 없다. 양쪽 팔걸이를 잇는 곡선과 다리의 반원 꼭지점이 만나는 중심이 금속으로 용접되어 있기 때문이다.

2.1 의자, 1400년, 바이외 대성당, 프랑스

2 고딕(Gothic, 12~15세기)

‘고딕’은 르네상스의 미술가들이 중세미술을 야만적이라며 무시하여 불렀던 ‘고트적’이라는 이름에서 유래한다. 고딕 양식은 이전의 로마네스크보다 현대적이며, 기술적으로도 앞선 것으로 평가된다. 프랑스에서 시작되어 유럽 전역으로 전파되었으며, 특히 영국과 프랑스에서 성행하였다. 14세기에 절정을 이루며, 조각, 회화, 공예 등 여러 미술 분야에 영향을 미쳤다. 이 시기는 종교의 지배를 받았으므로 교회건축물이 중심이 되는데, 로마네스크시대의 교회가 도시 외곽에 지어진 것과 달리 고딕 양식의 교회는 도시 안에 만들어지면서 종교는 물론 교육, 복지, 출판, 문화 활동 등의 중심 역할을 하였다. 높은 건물과 뾰족한 첨탑, 수직적이고, 직선적인 느낌 그리고 아치 형태와 채색유리인 스테인드글라스로 꾸며진다. 고딕의 아치는 로마네스크의 반원형의 아치와 달리 뾰족한 끝으로 모아지는 아치 형태를 띤다. 직선적이며 장중한 특징의 고딕 양식은 르네상스 이후 야만인의 양식으로 치부되다가 18세기 말에 등장하는 낭만주의 예술에 녹아들어 19세기에 고딕부활운동으로 이어진다. 고딕 양식을 대표하는 건축물로는 프랑스 파리의 노트르담 대성당과 독일의 쾰른대성당이 있다.

고딕 가구는 장방형으로 웅장한데, 의자의 경우는 조각된 등받이가 고딕 건축물처럼 높이가 높다. 또한 건축물의 창문 장식, 아치, 옥좌 등을 새겨 넣었으며, 목재는 참나무, 밤나무, 호두나무, 올리브나무 등을 사용하였다.

팔각형 접이식 탁자(그림 2.2)의 상판 아래는 건축물의 처마와 같은 모양을 조각하고, 4개의 다리에는 좁고 긴 창문을 표현하였다. 다리를 받치는 발은 건축기둥을 받치는 것처럼 조각하여 마치 고딕건축물을 축소해 놓은 느낌이다.

2.2 팔각형 접이식 탁자, 1480~1500년, 클뤼니(Cluny) 박물관, 프랑스

팔걸이 의자(그림 2.3)는 참나무로 만들어졌으며, 캐노피(Canopy) 침대처럼 등받이 맨 위에 지붕이 있다. 캐노피는 장식이나 방충 등을 목적으로 침대 위 천장에 매달아서 늘어뜨리거나 고정하는 천을 말하며, 캐노피 침대는 15세기부터 나타난다. 13세기부터 침대에 천개(天蓋)를 사용한 기록이 있는데, 이것이 캐노피 침대로 발전한 것으로 보인다. 형태는 캐노피 침대와 유사하나 캐노피 천을 달 수 있는 장치가 없으며, 실제로 캐노피를 달아 사용했다는 기록이 없으므로 모양만 가져온 것으로 보인다. 당시에 권위를 상징했던 등받이는 고딕 양식의 성당처럼 높은데, 이 팔걸이 의자는 무려 2미터가 넘는다.

2.3 팔걸이 의자, 1550~1600년경, 프랑스

3 르네상스(Renaissance, 14~16세기)

르네상스는 '재생' 또는 '부활'이라는 의미로 중세 후기와 근대 전기를 구분하는 전환기이다. 14세기부터 16세기에 걸쳐 이탈리아를 중심으로 유럽 여러 나라에서 일어난 인간성 해방을 위한 문화 혁신 운동을 말한다. 인간성 회복을 중시하며, 그리스와 로마의 고전 양식이 부활하는 이 시대는 예술에 있어서 종교가 분리된 최초의 역사이다. 도시의 발달과 상업 자본의 형성으로 개성·합리성·현세적 욕구를 추구하는 반(反)중세적 정신 운동을 일으켰으며, 유럽 문화의 근대화에 사상적 원천이 되었다.

르네상스의 가구는 부조 조각, 금도금, 회화 등의 장식기법을 활용하여 소용돌이, 가면 문양, 아칸서스 잎, 문장 문양 등을 표현하였다. 몰딩(molding), 기둥, 붙임 기둥과 같은 건축요소가 가미되었으며, 의자, 서랍장, 뚜껑이 있는 직사각형의 궤로 옷을 주로 담았던 카소네(cassone), 식기를 넣는 수납장인 크레덴자(credenza), 테이블, 스툴 등 다양한 가구가 출현하였다. 주재료에는 호두나무를 비롯한 원목과, 석재, 금속, 천, 가죽, 상아, 짚 등이 사용되었으며, 표면처리는 금칠, 광택제, 페인트 등으로 마감하였다. 예술가의 개성이 부각된 르네상스의 가구는 바로크 양식에 영향을 미친다.

스가벨로(Sgabello, 그림 2.4)는 이탈리아에서 16세기에 유행했던 의자로 좌판이 작고, 팔걸이 없이 등받이만 있다. 피렌체의 스가벨로는 호두나무로 제작되었는데, 조각된 나무판이 앞과 뒤에 부착되어 다리 역할을 한다. 등받이에도 나뭇잎과 같은 식물이 조각되어 있으며, 다리와 좌판 사이에는 마름모꼴의 폐쇄된 상자가 있다. 이것은 중세에 유행했던 수납상자나 상자형 벤치에서 발전된 것으로 추측된다.

2.4 스가벨로, 16세기, 이탈리아

헨리 8세가 사용했던 의자로 알려져 있는 X자형 접이식 의자(그림 2.5)는 호두나무로 만들어졌다. X자의 중앙과 팔걸이 앞쪽 그리고 뒤쪽에 총 5개의 둥근 장미문양이 있으며, 좌판과 등받이는 16세기 페르시아의 카펫으로 만들었다. 카펫 좌판은 금속 못으로 좌우 목재에 고정되어 있으며, 4개의 다리는 족대에 연결되어 있다.

2.5 X자형 접이식 의자, 1540~1550년경, 이탈리아, 필라델피아미술관

위에서 살펴본 바와 같이 중세의 가구도 고대와 마찬가지로 귀족만 사용할 수 있었다. 침실이 따로 분리되어 있지 않던 중세의 침대가 대형화된 것처럼 다른 가구도 크기가 커졌는데, 즉 의자의 좌판 높이나 등받이의 높이가 높다. 이것은 귀족과 영주들의 권위를 상징하였으며, 조각과 장식은 고대보다 많아지고, 세밀해졌다. 서민들은 가구 사용이 어려웠으므로 직육면체의 상자 또는 함에 물건을 수납하고, 이것을 의자나 탁자로도 사용하였다. 고대부터 사용된 접이식 스툴은 이동이 편리해 중세에도 계속해서 사용되었으며, 중세에 새롭게 등장한 것은 캐노피가 있는 의자와 침대이다. 가구 재료로는 호두나무, 참나무를 비롯한 원목과 석재, 금속, 천, 가죽, 상아, 금칠 등 고대와 비슷하게 사용되었다.

근대 전기(1453~1815년)

근대 후기(1816~1945년)

근대

(1453~1945년)

제 3 장 근대 (1453~1945년)

가구는 1750년부터 1830년까지 1차 산업혁명이 일어나면서 큰 변화가 일어난다. 따라서 산업혁명을 기점으로 비더마이어 양식이 시작되는 1815년 이전까지 근대 전기(1453~1815년)로 분류하며, 후기(1816~1945년)는 비더마이어부터 제2차 세계대전이 막을 내리는 1945년까지로 나누어 기술하였다. 근대 전기에는 바로크 양식, 로코코 양식, 앤여왕 양식, 조지안 양식, 치펀데일 양식, 윈저체어, 헤플화이트 양식, 셰러턴 양식, 셰이커 가구, 앙피르 양식, 리젠시 양식 그리고 빅토리아 양식이 있다.

1 근대 전기(1453~1815년)

① 바로크 양식(Baroque style, 16~18세기)

바로크는 프랑스어로, '이상한, 괴상한' 이라는 뜻을 지닌다. 또한 '비뚤어진 모양의 기묘한 진주'라는 뜻이 있는데, 바로코(Barroco)라는 포르투갈어에 어원을 두고 있다. 바로크 양식은 유럽의 16세기부터 18세기에 걸쳐 성행한 예술 양식을 말하며, 르네상스 말기에 이탈리아의 로마에서부터 시작되었다. 처음엔 회화적이고 곡선이 강하며 화려한 조각의 건축양식을 일컫다가 동시대의 회화, 문학, 음악 등의 모든 예술 분야를 아우르는 말로 사용되었다. 이 시기의 유럽나라들은 종교개혁으로 인하여 로마교황이 중심이 되었던 단일체제가 붕괴되면서 왕권이 강화되었다. 따라서 왕권을 신격화하고 왕의 위대함과 위엄을 바로크 양식으로 과시했던 것이다. 왕권에 도전한 귀족의 난을 겪었던 프랑스의 루이 14세는 철저한 절대왕정체제를 구축하고, 베르사유에 궁전을 지어 1682년에 이사하면서 궁의 모든 물건과 실내장식이 바로크 양식의 대표작품이 되었다. 역동적이면서도 장중한 미 그리고 화려한 세련미가 바로크 양식의 특징이다. 바로크 가구 또한 육중한 형태에서 오는 중후함이 있으며 좌우대칭이다. 장미목, 호두나무, 가죽, 거북이 등껍질, 금칠 등의 값비싼 재료를 사용했으며, 식물줄기, 불꽃무늬, 아칸서스 잎 등의 모티브를 사용한 조각을 하였다.

프랑스의 안락의자(그림 3.1)는 호두나무를 조각하고 그 위에 금칠을 하였으며, 17세기 후반의 울 벨벳(wool velvet)으로 좌판과 등받이를 마감하였다.

3.1 안락의자, 1690~1710년, 프랑스
규격: 711×590×1180mm

3.2 안락의자, 1690년, 독일

독일의 안락의자(그림 3.2)는 17세기 후반의 바로크 스타일로 프랑스의 유명한 태피스트리(tapestry) 작품인 고블랭(Gobelins)으로 좌판과 등받이를 만들었다. 팔걸이 끝은 호두나무로 용머리를 조각하였으며, 4개의 다리는 하단에서 X자형으로 연결되어 있다.

영국의 바로크를 대표하는 것은 17세기 초반에 유행했던 영국의 초기르네상스 양식인 자코비안(Jacobean, 1603~1649년)이다. 가구는 직선적이며, 견고하고 위엄있게 크기가 크다. 생산된 가구는 상자, 찬장, 테이블, 의자 등이며, 목재는 주로 참나무와 소나무를 사용하였다. 대부분 장부촉짜임으로 조립되고 못으로 고정되었으며, 화려하게 조각된 패널, 꽈배기 같은 꼬임으로 장식되었다. 형태는 대부분 정사각형과 직사각형이며, 상감기법을 사용하였다. 의자에는 목재 이외에 실크, 태피스트리, 린넨, 벨벳, 가죽과 같은 재료가 사용되었다.

오크 태번 테이블(Oak Tavern Table, 그림 3.3)은 술집에서 사용하는 작은 탁자이며, 참나무로 만들었다. 형태는 가로로 긴 직사각형으로 상판 밑에 금속 손잡이가 달린 서랍이 있다. 4개의 다리는 축을 중심으로 돌려 깎는 선반 작업에 의해 만들어져 좌우대칭인 구가 세로로 6개가 쌓여져 있는 모습이다.

3.3 오크 태번 테이블, 17세기, 영국
규격: 650×500×700mm

② 로코코 양식(Rococo style, 1720~1760년)

로코코는 프랑스어 '로카이유(Rocaille)'에서 유래된 말로, '조개껍데기 모양의 장식'을 말하는데, 이는 조개껍질을 모티프로 많이 사용해서 붙여진 이름이다. 대략 1720년경부터 1760년경까지 유럽에서 예술전반에 성행했던 양식으로 프랑스 루이 15세의 양식이라고도 말한다. 이지적이고 남성적이며, 육중한 바로크 양식에 비하여 여성적이며 감각적이고, 우아하며 경쾌한 것이 특징이다.

로코코 가구는 크기가 작고 회화적이며 평면적인 형태를 띤다. 비대칭이며, 곡선적이고, 화려하며, 조각은 세밀하다. 장미목, 호두나무, 가죽, 거북이 등껍질, 금칠, 담채 등의 값비싼 재료를 사용했으며, 모티브에는 소용돌이, 당초무늬, 꽃무늬, 아칸서스 잎, 나뭇가지, 꽃, 새, 바위, 이끼, 조개, 물 등 자연적인 소재를 적용하였다.

3.4 안락의자, 18세기 중반, 이탈리아, 미국 메트로폴리탄 미술관
규격: 749×591×1210mm

이탈리아의 안락의자(그림 3.4)는 소나무를 조각하고 그 위에 금박을 입혔다. 바로크와 달리 조각의 두께가 얇고, 섬세하며, 색상이 화려하다. 좌판과 등받이는 붉은색의 벨벳으로 마감되었으며, 등받이와 좌판 아래의 목재 틀에 있는 조각의 이미지는 벨벳에 들어간 문양과 잘 어울리도록 만들었다.

영국의 로코코 양식은 앤여왕(Queen Anne) 및 조지언(Georgian) 그리고 치펀데일(Chippendale)과 같이 왕이나 가구 제작자의 이름을 딴 경향들로 구분된다. 넓은 판으로 만들어진 벽과 단순한 몰딩 등 실내에 건축적인 요소가 부여되면서 가구들은 간결하고 우아하며, 세련된 비례미를 보여주고 있다.

③ 앤여왕 양식(Queen Anne style, 1702~1714년)

영국 18세기 초 앤여왕(재위 1702~1714년)시대의 건축과 공예의 양식을 말하며, 유럽과 북미로 퍼져나갔다. 공예 분야에서는 특히 가구와 은제품이 주류를 이루었으며, 가구의 특징은 장식을 최소화하고, 가볍고 경쾌하며, 곡선을 살린 간결한 형태, 그리고 절도 있는 비례이다. 주로 사용된 목재는 단풍나무, 체리, 호두나무이며, 테이블이나 의자 다리에 고양이 다리 모양인 카브리올(cabriole)을 활용한 것이 특색이다. 이 카브리올은 로코코 양식 가구의 대표적인 특징이다. 또한 의자 등받이에 'S'자형 곡선이 있으며, 장식의 모티브로는 부채와 조개가 사용되었다.

사이드 의자(Side Chair, 그림 3.5)는 등받이 의자라고도 부른다. 사이드 체어는 식당이나 연회장에서 사용하는 팔걸이가 없는 작은 의자를 말하며, 고대부터 전해져 온 것으로 알려져 있다. 호두나무와 미국 소나무인 옐로우 파인(yellow pine)으로 만들어졌으며, 다리에는 카브리올을 활용했다. 의자의 등받이에는 앤 양식의 특징인 S자형 곡선이 보이며, 등받이 맨 위의 가운데와 앞 다리 윗부분에 부채 문양이 있고, 좌판은 앞에서 뒤로 가면서 점점 좁아지는 형태이다. 미국에서 앤여왕 양식이 유행한 것은 약 1730년대부터 1760년대까지이다.

3.5 사이드 의자, 1740~1760년, 미국, 메트로폴리탄 미술관
규격: 438×511×1067mm

④ 조지안 양식(Georgian style, 1714~1830년)

영국의 조지 1세부터 4세에 이르는 약 120년간 주류를 이루었던 양식으로 장식과 건축 그리고 가구 분야에 적용되었다. 조지안 양식의 가구는 치펀데일의 복잡한 곡선과 셰러턴의 단순한 선, 그리고 장식모티브들이 활용되며, 주로 사용된 목재는 호두나무와 마호가니이다.

더블 체어백 세티(Double Chairback Settee, 그림 3. 6)는 마호가니로

만들어진 2인용 벤치이다. 등받이의 맨 위에는 부채꼴 조각이 있고, 앞다리 3개는 둥근 여의주를 움켜쥔 용의 다리나 맹금류의 발을 조각하였다.

3.6 더블 체어백 세티, 1755년경, 소더비(Sotheby)
규격: 1440×650×1050mm

이 시대의 대표적인 디자이너이자 건축가인 로버트 아담 (Robert Adam, 1728~1792년)은 신고전주의의 창시자로 그의 4형제와 함께 일했다. 따라서 '로버트 아담 양식(Robert Adam style)' 또는 '아담형제 양식(Brothers Adam style)'이라고 부른다. 가구설계는 특히 제임스 아담(James Adam, 1732-1794년)과 함께 하고, 캐비닛 제작자인 치펀데일과 셰러턴에게 가구 제작을 의뢰하였다. 아담 양식의 가구들은 곡선보다는 직선이 많으며, 그림을 그리거나 볼륨이 적은 양각의 조각을 활용하였다. 고대 그리스와 로마의 영향을 받았으며, 목재는 주로 마호가니를 사용하였다. 사각형과 원통모양의 곧고 가늘어지는 다리와 타원형의 등받이가 특징이다. 상류층을 위해 만들어진 아담의 가구는 치펀데일의 가구보다 가볍고 우아하다.

새틴우드(Satinwood) 책상(그림 3.7)은 마호가니로 만들어졌으며,

책상 측면에 장식된 휘장이 있다. 식물 덩굴 모티브가 상판의 4면에 있고, 네 귀퉁이에 카메오(cameo)가 있다. 카메오는 돋을새김으로 만든 장신구의 하나로 보석의 일종인 마노(瑪瑙), 호박, 조개껍데기와 같이 색상이 여러 층인 재료를 사용해 어두운 색을 바탕으로 밝은 색의 초상이 돋아 나오게 깎아 만든 것이다. 상판의 가운데는 초록색 가죽을 붙였으며, 황동 손잡이가 있는 2개의 서랍이 있다. 사각기둥의 다리는 밑으로 좁아지다가 잡아맨 매듭처럼 튀어나온 후 다시 가늘게 내려간다.

3.7 새틴우드 책상, 아담형제, 19세기 후반
규격: 511×265×307mm

3.8 등받이 의자, 아담형제

등받이 의자(그림 3.8)는 신고전주의의 영향으로 앞다리 두 개는 밑으로 좁아지는 테이퍼드(Tapered)이며, 발은 트럼프의 스페이드(spade)형이다. 뒷다리는 타원형의 등받이 틀과 연결되며, 밑으로 내려오면서 밖으로 휘어지다가 발부분에서 살짝 안으로 굽어지는 곡선이다.

⑤ 치펀데일 양식(Chippendale style, 1750년)

영국 조지시대 토머스 치펀데일(Thomas Chippendale, 1718-1792년)

이 만든 가구 양식이며, 역사적으로 가구제작자의 이름을 따서 만들어진 최초의 사례이다. 가구디자이너로 1949년부터 런던에서 가구점을 운영했던 그는 앤여왕 양식을 바탕으로 고딕 양식에 중국풍과 프랑스풍이 합쳐진 독특한 양식을 만들었다. 중국식 격자무늬, 석탑의 지붕, 조개, 아칸서스 잎을 모티프로 적용하였으며, 재료는 손으로 짠 레이스, 면포, 가죽, 마호가니, 보석 등을 주로 사용하였다. 양각 · 투조(透彫)등 정교한 조각이 뛰어나며, 뒤엉킨 등받이 형태와 사자 또는 독수리발 모양을 한 가구다리가 대표적이다. 가구의 대중화에 많은 영향을 끼친 이 양식은 우아함과 실용성을 적절하게 조화시킨 것이 특징이다.

세티(Settee, 그림 3.9)는 18세기 중반에 영국에서 유행한 치노이제리 스타일(Chinoiserie style)이 나타나는 것으로 이는 유럽의 미술·가구·건축에 나타나는 중국풍을 말한다. 세티는 19세기 이후부터 미국에서 애용되어 소파가 나오기 전까지 사용했던 긴 안락의자로 소파보다는 크기가 작다.

3.9 세티, 토머스 치펀데일, 1760~1770년,
영국, 런던 빅토리아 & 알버트 박물관

⑥ 윈저체어(Windsor chair, 18세기 초~ 1850년)

18세기 초 영국의 윈저지방의 소목장이 만들어 사용되다가 1725년에 미국에 소개되어 1850년경까지 서민의 실용적인 의자로 널리 보급되었다. 오직 목재 하나로만 제작한 윈저체어는 좌판에 소나무와 자작나무를 사용했으며, 엉덩이가 닿는 부분은 아래로 살짝 들어가게 파내어 착석감을 높였다. 다른 부분은 단풍나무, 너도밤나무, 자작나무, 떡갈나무, 서양물푸레나무 등이 쓰였다. 저렴한 가격을 위해 현지에서 구하기 쉬운 목재를 주로 사용했으며, 손으로 조각한 장식을 쓰지 않고, 축을 중심으로 나무를 돌려 원기둥을 좌우대칭으로 깎아내는 선반작업으로 만들었다. 당시로서는 근대적인 디자인으로 마차바퀴의 살을 연상시킨다. 이후 현대에 이르기까지 많은 디자이너들이 다양한 윈저체어를 제작하면서 '윈저풍'의 의자를 탄생시켰으며, 특히 미국에서는 19세기 중반에 의자다리 끝에 아치형의 발을 달아 흔들리는 윈저형 흔들의자가 유행하였다.

3.10 윈저체어, 18세기, 미국
규격: 650×430×950mm

3.11 왕세자의 염소마차, 18세기경, 프랑스, 베르사유궁전

⑦ 헤플화이트 양식(Hepplewhite style)

조지 헤플화이트(George Hepplewhite, 1727~1786년)의 이름을 딴 것으로 장식은 최소화하고 단순함을 추구한 것이 특징이다. 그의 가구는 사후에 아내가 출판한 『캐비닛 제작자와 실내장식가의 입문서』에 의해 알려져 주목받았으며, 미국 가구제작자들에게 큰 영향을 미쳤다. 로버트 아담의 신고전주의 가구 양식을 변형한 것으로 의자의 등받이는 방패형과 하트형이 주류를 이루었다. 다리는 원통형이 아래로 내려가면서 좁아지는 형태이며, 무늬가 없거나 약간의 음각을 주었다. 물 흐르는 듯한 곡선은 치펀데일의 영향을 느낄 수 있으나, 선이 정리되어 단아하며 실용성을 추구했다는 점에서 다르다. 모티프로는 주로 종려나무 잎, 리본, 항아리 그리고 밀 이삭 등을 응용하였다. 제작기법에는 값비싼 도금기법은 피하고, 옻칠이나 모자이크와 같은 마르케트리(Marqueterie)기법을 사용하였는데, 이 기법은 16세기 말 프랑스에서 유행하였다. 아담 양식 가구가 상류층을 위한 것이라면 이 양식의 가구는 중류층을 비롯해 일반인에게 널리 보급된 중저가의 가구이다.

마호가니로 만들어진 안락의자(그림 3.12)의 등받이 윗부분은 아치형이며, 좌판까지 이어지는 등판은 식물줄기를 기하학적인 곡선으로 연출하였다. 이 곡선은 치펀데일 양식보다 단순하게 정리된 느낌이며, 앞 다리는 헤플화이트의 다른 가구 다리처럼 아래로 곧게 뻗으면서 좁아진다.

3.12 안락의자, 헤플화이트 양식, 1785년경, 영국

⑧ 셰러턴 양식(Sheraton style, 1790~1820년)

영국의 토머스 셰러턴(Thomas Sheraton, 1751~1806년)에 의해 만들어진 양식으로 가구에 얇게 켠 널빤지인 베니어(venner)를 댄 것과 상감기법이 특징이다. 그는 1791년에 『가구 제작자 및 실내장식가의 설계 도집』을 발간하여 유럽은 물론 미국까지 영향을 미쳤다. 기능성과 실용성을 중요시했던 셰러턴은 장방형과 정방형의 등받이를 주로 사용하였으며, 다리는 원통형이 아래로 내려가면서 좁아지는 형태로 헤플화이트에서도 자주 사용되나 헤플화이트보다 직선적이다. 또한 헤플화이트의 의자 등받이는 방패나 하트 그리고 달걀모양의 자유 곡선을 사용

한 반면에 셰러턴 의자는 장방형이나 정방형이다. 조각은 작고 낮은 부조이며, 홈을 파고 다른 색의 나무를 끼워 넣는 상감기법을 사용하였다. 목재는 주로 마호가니와 너도밤나무를 사용했으며, 모티브로는 장미, 부채, 깃털, 항아리, 아칸서스 잎 그리고 조개껍질 등을 적용하였다. 일부 조각은 두꺼운 검은색 래커로 칠을 하거나 염색하였으며, 후기로 가면 금박을 입히고 디자인이 다소 무거워진다.

식당 의자(그림 3.13)는 마호가니와 가죽으로 만들었으며, 모더니즘에 가까운 단순함이 특징이다. 조각을 최소화한 등받이 세로선이 가볍고 경쾌하다.

3.13 식당 의자, 1810년, 영국
규격: 470×480×890mm

⑨ 셰이커(Shaker) 가구(18세기말~19세기 초)

영국 산업혁명시대에 맨체스터에서 미국 뉴욕으로 건너온 그들은 1787년에 셰이커교도 공동체를 설립하였다. 이들이 1820년부터 1870년까지 생산한 가구를 셰이커 가구라고 한다. 셰이커 가구는 소박, 효용,

정직이라는 교도의 원칙에 따라 장식을 배제하고, 형태와 비율에 중점을 두는 미니멀리즘 디자인을 구현하였다. 금욕주의를 지향하고, 자급자족하려는 의도로 가구를 만들었는데, 쓰고 남은 가구들은 외부인에게 판매하였다. 마감은 염색하거나 페인트를 칠했는데, 색상은 파란색, 녹색, 빨간색, 노란색으로 단색 처리하였다. 마호가니, 호두나무, 장미목과 같은 비싼 수입목재를 사용했던 다른 양식 가구와 달리 소나무, 단풍나무, 체리와 같은 미국 현지에서 자생하는 목재로 가구를 만들었다. 또한 당시에 주로 사용되던 황동 서랍손잡이 대신 목재로 된 손잡이를 달았다. 원기둥의 다리를 깎는데 용이한 선반작업을 활용하고, 각종 전동공구를 사용하여 실용성이 뛰어난 가구를 제작하였다.

3.14 셰이커 의자, 1850년
규격: 410×450×870mm

3.15 엔필드셰이커박물관, 미국

셰이커교도의 대표적인 가구는 의자인데, 얇은 원기둥의 다리와 좁은 판재로 만든 등받이가 전체적으로 날씬한 이미지를 준다. 이는 윈저의자와 비슷하나 더 가볍고 경쾌하다. 사다리 형태의 등받이는 아르누보의 대표작가인 매킨토시 의자와 맥락을 같이 한다. 셰이커 의자(그림 3.14)는 단풍나무로 몸통을 만들고, 등받이는 7mm 두께의 얇은 나무가 등을 편안하게 기댈 수 있도록 둥글게 휘었다. 전체적으로 적갈색 도장을 했으며, 좌판은 종이끈으로 엮었다. 미국 뉴햄프셔에 있는 셰이커박물관 내부에는 의자를 거꾸로 벽에 걸어둔 것을 볼 수 있다. 이것은 교도들이 실내에서 춤을 추거나 청소할 때 의자를 걸 수 있는 페그 레일(Peg Rail, 그림 3.15)을 방에 빙 둘러서 벽에 설치한 것이다.

⑩ 앙피르 양식(Empire style, 1804~1830년)

1804년 프랑스의 나폴레옹이 황제에 오르면서 시작된 양식으로 1830년경까지 프랑스의 실내장식·공예·건축 등의 분야에 성행하였다. 영어로는 엠파이어 양식이라고 하며, 장중하고 엄숙한 것이 특징이다.

가구는 단순하고 명쾌한 직선을 사용해 무겁고, 위풍당당하며, 거대한 느낌을 주는데 이것은 건축에서 영향을 받았다. 가구에 사용된 목재는 자단과 마호가니가 대부분이며, 그리스의 형태를 재현한 가구가 많다. 형태는 우아함보다는 힘이나 무게를 상징하도록 부피가 크고 단순한 것이 대부분이다.

자단(紫檀) 종류인 앰보이나(Amboyna)나무로 만들어진 원형 테이블(그림 3.16)은 밑으로 좁아지는 3개의 다리로 상판을 지지하고 있다. 다리의 맨 위에는 그리스의 헤르메스(Hermes) 주상이 청동으로 만들어진 후 금칠이 되어 있으며, 다리기둥 아래에는 금칠된 발이 안쪽으로 패인 곡선형태의 삼각형 받침대 위에 올려져 있고, 받침대 중앙에는 청동으로 된 꽃병이 있다.

3.16 원형 테이블, 1870, 프랑스
규격: ø810×740mm

3.17 X자형 의자, 프랑스,
그랑 팔레박물관

프랑스 파리의 그랑 팔레(Grand Palais)박물관에 있는 X자형 의자(그림 3.17)는 접히지 않는 고정형이다. 이집트 시대부터 로마네스크를 거쳐 전해오던 X자형 의자가 안정감 있고, 깨끗하게 정돈된 형태이다. 원목을 조각하여 그 위에 검은색과 금칠로 마감하였으며, 좌판은 붉은 천으로 감쌌다. 팔걸이의 끝부분은 소용돌이 형태로 말려있고, 4개의 발은 사자와 같은 동물의 발모양으로 조각되었다.

⑪ 리젠시 양식(Regency style, 1810~1830년)

영국의 황태자 조지(George)4세의 섭정 시대인 1811년부터 1820년까지 유행했던 양식을 말한다. 실내장식, 가구 그리고 건축 분야에 두드러졌으며, 고전에 기반을 둔 동서양의 절충 양식으로 프랑스의 앙피르 양식과 유사하다. 중국의 웅장함, 근엄함 그리고 장식을 도입하고, 이집트의 실용성에 영향을 받아 단순하고 실용적인 것이 특징이다. 의자에 사용된 나무는 너도밤나무와 같이 무른 재질이 많으며, 검은 칠이나 도금하고 황동으로 만든 장식을 하였다.

베르제르(Bergere, 그림 3.18)는 '양치기 여인'이라는 뜻으로 루이 15세(Louis XV, 재위 1715~1774년) 치하에 성행한 팔걸이 의자이다. 다른 팔걸이 의자보다 크기가 크며, 쿠션도 두껍고, 팔걸이와 바닥방석 사이에 천을 댄 것이 특징이다. 마호가니와 녹색의 앙고라 염소털로 만든 벨벳으로 제작된 이 안락의자는 쿠션감이 좋은 두꺼운 등방석과 바닥방석을 단추로 뒤에서 잡아당긴 다이아몬드 주름기법으로 마무리 하였다. 선반작업으로 원기둥을 깎은 뒤 세로로 길게 홈을 낸 다리의 아래는 금속바퀴가 달려있어 이동이 용이하다.

3.18 베르제르, 1800~1810년경, 크리스티스(Christie's)

⑫ 빅토리아 양식(Victoria style, 1837~1901년)

영국 빅토리아 여왕 재위기간(1837~1901년)에 건축과 공예 분야에 성행했던 양식이다. 그리스와 로마 양식에서 모티브를 얻었으며, 미술공예운동(Arts and Crafts Movement)에 영향을 미쳤다. 빅토리아여왕 재위기간에 미술활동이 왕성했던 이유는 산업혁명의 성과와 많은 식민

지를 바탕으로 한 경제적인 번영이 뒷받침되었기 때문이다.

이 양식의 가구는 웅장하고 화려하며, 판유리에 대리석처럼 보이게 칠을 하거나, 소나무를 참나무처럼 보이게 표면처리를 하는 기술이 발달하였다. 이러한 경향은 산업혁명을 거치면서 재료의 특성을 그대로 보여주는 방향으로 변화한다. 또한 공간에 가구를 가득 채워 권위를 과시적으로 나타내고자 했던 당시의 실내장식처럼 가구는 장식 과다로 흐른다.

침실 의자(그림 3.19)는 마호가니로 목재 틀을 만들고, 버건디(burgundy)와 금색 꽃무늬 줄로 꾸며진 천으로 좌판을 마감하였다. 의자의 앞다리는 카브리올이 활용되었고, 뒷다리는 등받이에서 내려오면서 바깥쪽으로 휘어진다.

3.19 침실 의자, 빅토리아 양식, 1870년경, 앤티크(Antiques)
규격: 420×360×855mm

위에서 살펴본 바와 같이 근대 전기의 가구는 바로크와 로코코 양식을 시작으로 다양한 양식이 나타나는데, 특히 치펀데일과 같이 가구 제작자의 이름을 딴 양식이 최초로 출현한다. 재료는 원목을 중심으로 베니어판, 쿠션, 천, 금속 등이 사용되며, 특히 쿠션과 천을 활용한 의자나 세티 같은 벤치가 나타난 것이 주목된다.

바로크 양식은 육중하고, 남성미가 느껴지는 장중함이 특징인 반면에 로코코는 감각적이고, 회화적이며, 여성적이다. 앤여왕 양식은 최소한의 장식으로 경쾌하고, 간결하며, 조지안 양식은 치펀데일의 복잡한 곡선과 셰러턴의 단순한 선을 조합하였다. 치펀데일 양식은 앤여왕 양식과 고딕 양식, 중국풍 그리고 프랑스풍이 조화를 이루어 실용적이면서도 우아하다. 윈저의자는 원목만을 사용한 실용적인 의자이며, 헤플화이트와 셰러턴 양식은 실용성이 강조된 단순함이 특징이다. 셰이커 가구는 실용적이며, 윈저의자보다 가볍고, 경쾌하다. 앙피르 양식은 장중하며, 엄숙하고, 리젠시 양식은 실용적이면서도 웅장하다. 마지막으로 빅토리아 양식은 그리스와 로마를 모티브로 디자인되었다. 위의 양식 중에서 미국의 셰이커 가구와 프랑스의 앙피르 양식을 제외한 나머지가 모두 영국에서 발생한 것으로 근대 전기의 가구 역사는 영국을 중심으로 이루어졌음을 알 수 있다.

2 근대 후기(1815~1945년)

근대 후기는 비더마이어 양식이 시작되는 1815년부터 제2차 세계대전이 끝나는 1945년까지이며, 비더마이어 양식, 미술공예운동, 아르누보, 독일베르크분트, 아르데코, 데 스틸 그리고 바우하우스를 포함한다.

① 비더마이어 양식(Biedermeier style, 1815~1847년)

비더마이어라는 명칭은 루드비히 아이히로트(Ludwig Eichrodt)가 1850년 신문에 연재한 『슈바벤의 학교교사 비더마이어의 시(詩)』라는 작품에서 유래한다. 또한 비더마이어의 사전적 의미는 '인습적인, 틀에 박힌, 독창성이 없는'이란 뜻을 갖고 있다. 프랑스에서 시작된 앙피르 양식은 미국을 비롯해 독일과 이탈리아에 영향을 미치는데, 독일에서는 비더마이어 양식으로 나타난다. 독일의 고전주의와 사실주의 중간에 위치하며, 국수적이고, 역사적인 성격이 강한 서민 중심적 양식이다. 비더마이어 양식은 18세기 후반에서 19세기 초에 걸쳐 고대 그리스와 로마의 부활을 목표로 나타나는 신고전주의를 일부 포함한다. 고전양식을 이어받았으나, 합리적이고 혁신적인 사고라는 점에서 독일베르크분트와 바우하우스의 태동을 알리는 역사적으로 중요한 양식으로 거론되고 있다. 이 시대의 가구는 장식을 배제하고, 재료의 질감을 그대로 드러내는 것이 특징이다.

3.20 사이드 체어, 비더마이어 양식, 1825년경, 오스트리아
규격: 448×476×929mm

사이드 체어(Side Chair, 그림 3.20)의 전면 및 측면은 너도밤나무이며, 다리는 호두나무로 만들었다. 호두나무합판으로 만들어진 좌판을 제외한 부분은 소나무를 사용하였으며, 부채처럼 퍼진 등받이의 곡선이 특징이고, 다리는 밑으로 내려오면서 조금씩 좁아진다.

미하엘 토넷(Michael Thonet, 1796~1871년, 독일)

토넷은 비더마이어 양식의 대표적인 가구를 만든 사람으로 근대 가구디자인사에 가장 먼저 거론되는 역사적인 인물이다. 그는 독일의 라인강변에 있는 보파르트(Boppard)에서 태어났으며, 무두쟁이인 아버지의 권유로 소목장 일을 배운다. 당시의 보파르트에는 강변에서 자라나는 풍부한 서양너도밤나무로 인하여 소목장들이 많았다. 소목장에서 수련을 마치고 독립적인 공방을 운영하며, 코블렌츠 전시회에 그의 독자적인 가구를 선보이면서 주목을 받았다. 이 전시회를 본 지인의 도움으로 오스트리아 빈으로 이주하여 리히텐슈타인(Liechtenstein) 궁전의 가구 제작을 맡으면서 그의 곡목기술은 점차 세상에 알려지게 된다. 서양너도밤나무를 증기로 구부리는 곡목기술을 토넷은 당시에 만들어지기 시작한 특허제도를 활용하여 독점하게 되었다. 또한 조립식 가구를 개발하여 저렴하고, 대중적인 최초의 대량생산가구를 만들었다. 약 170년이 지난 지금도 같은 형태의 의자가 현대인들에게 팔리고 있는 만큼 현대디자인 개념을 앞서 실현한 예술가로서 회자되고 있다.

의자 14(그림 3.21)는 1859년에 만들어졌으며, 세계 100대 명품의 하나로 손꼽힌다. 120년 된 잔가지 없이 곧게 뻗은 서양너도밤나무를 사용하며, 약 40%만이 가구 제작에 쓰이고, 나머지는 필요한 땔감으로 사용되었다. 나무를 찜통에 넣고 쪄서 물러지면 곡선의 금속 틀에 넣어 고정시킨 후 건조시키는 곡목기술에 의해 만들어졌으며, 해외 수출을 위해 금속나사로 조립되는 조립식 의자이다. 등받이에서부터 흘러내려오는 뒤다리의 형태와 좌판의 디자인에 따라 여러 개의 시리즈로 제작되었다.

3.21 의자 14, 미하엘 토넷, 1859년, 오스트리아
규격: 410×490×900mm

3.22 흔들의자 1, 미하엘 토넷, 1860년, 오스트리아
규격: 540×930×1080mm

흔들의자 1(Rocking chair Thonet Nr.1)은 토넷의 흔들의자 중에서 맨 처음 만들어진 것이다. 등받이 뒤에 소용돌이 곡선이 두 개 있는 것이 특징인데, 이후에는 소용돌이 곡선이 한 개로 줄어든다. 서양너도밤나무를 곡목기술로 굽혀 만들었으며, 좌판과 등받이는 속이 빈 사탕수수 줄기를 가늘게 잘라서 엮어 만들었다.

② **미술공예운동**(Arts and Crafts Movement, 1860~1890년, 영국)

산업화와 공장제 제품을 반대하고 수공예 제품만을 사용할 것을 주장한 영국의 작가이자 사상가인 존 러스킨(John Ruskin, 1819~1900년)을 추종했던 윌리엄 모리스(William Morris, 1834~1896년)를 중심으로 일어났던 수공예 부흥운동이다. 산업혁명으로 기계에 의한 공업생산품이 대량으로 만들어지면서 휴머니즘이 결여된 것에 반대하여 수공예를 중시하는 반근대화 운동이다. 식물, 새, 동물을 모티브로 적용하였으며, 단순하고 유기적인 선이 특징이다. 대중예술을 추구했으나, 수작업으로 인해 결과적으로 값비싼 제품이 되면서 상류층만이 사용할 수 있는 귀족주의로 흘러 실패로 돌아간다. 그러나 이 운동으로 인해 각종 공예 관련 조직이 형성되며, 뒤에 오는 아르누보에 영향을 끼친다.

건축가이자 장식디자이너였던 아서 헤이게이트 맥머도(Arthur Heygate Mackmurdo, 그림 3.23)의 책상은 오크로 만들어졌으며, 황동 손잡이가 부착된 서랍이 있다. 폭이 좁고 높으며, 직선으로 구성된 이것은 고딕 양식을 연상시키며, 이후 아르누보의 매킨토시에 영향을 미쳤다. 밑으로 내려오면서 좁아지는 다리는 다른 양식들과 비슷하나 발은 동물의 형상을 벗어나 기하학적으로 단순화되었다.

3.23 책상, 맥머도, 1886년,
윌리엄 모리스 갤러리

3.24 테이블, 윌리엄 모리스, 1856년, 영국,
레드 라이온 스퀘어, Flickr

테이블(그림 3.24)은 윌리엄 모리스가 런던 레드 라이온 스퀘어(Red Lion Square)에 있는 그의 방을 위해 디자인했으며, 화가 에드워드 번 존스(Edward Burne-Jones)와 함께 이 테이블을 사용했다고 한다. 여러 쪽의 소나무 판재를 이어 상판을 만들고, 4개의 다리는 삼각형처럼 아래로 내려오면서 벌어진다. 4개의 다리를 이어주는 가로대는 장부촉짜임으로 만들어지며, 상판의 모서리와 다리만 녹색으로 도장하였다.

③ 아르누보(Art Nouveau, 1890~1905년)

아르누보라는 명칭은 독일태생인 사무엘 빙(Samuel Bing, 1838~1905년)이 프랑스 파리에 만든 상점의 이름 '라 메종느 아르누보(Maison De l'art Nouveau)'로부터 유래되었다. 19C 후반부터 20C 초반에 걸쳐 전 유럽 및 미국에서 성행했던 양식으로 윌리엄 모리스의 미술공예운동의 영향을 받았다. 나라마다 조금씩 다른 이름으로 부르는데, 독일은 유겐트 스틸(Jugendstil), 오스트리아는 제체시온(Secession) 그리고 영국과 미국에서는 아르누보라 한다. 아르누보는 역사주의와 전통에서 탈피하여 새로운 양식을 탄생시키고자 하였으며, 이것이 현대미술 확립을 위한 발판이 되었다는 점에서 역사적으로 높이 평가되고 있다. 자연주의에 입각하여 넝쿨과 같은 식물줄기, 불꽃무늬, 당초무늬 등을 모티프로 삼았으며, 비대칭을 추구하고, 흐르는 듯한 곡선과 직선을 사용하여 동적이다. 미술공예운동과 달리 기계를 수용하여 모더니즘의 기반을 구축했으나, 과다한 장식주의로 흐른 것이 단점이다.

오토 바그너(Otto Wagner, 1841~1918년, 오스트리아)

펜칭(Penzing)에서 태어났으며, 1857년 빈공과대학에 입학하였다. 1894년 빈의 순수예술아카데미의 교수가 되며, 직선적인 아르누보 디자인을 추구하였다. 오스트리아 빈(Wien)의 근대건축과 디자인을 이끈 주역으로 1985년에는 오스트리아의 500실링(Shilling) 종이돈에 얼굴초상이 인쇄될 정도로 유명하다.

그의 대표적인 가구는 빈의 우편국에 놓인 팔걸이 의자(그림 3.25)로 인체공학적으로 구부러진 너도밤나무의 등받이와 팔걸이 선은 토넷 곡목기술의 진보된 형태이다. 곡선적인 다른 유겐트 스틸의 가구들이 원목을 깎아 붙인 것에 반해 바그너는 대량생산이 가능한 곡목이나 합판 적층법을 사용하였다. 자작나무로 만든 등받이와 다리를 비롯해 합판으로 만든 좌판에 검은색으로 착색하였으며, 팔걸이의 곡선부분의 견고성을 위하여 알루미늄을 덧대었고, 다리 아래의 발에도 알루미늄을 씌었다. 의자의 무게를 가볍게 하기 위하여 좌판에 여러 개의 작은 구멍을 뚫은 것이 특징이다.

3.25 우편국 팔걸이 의자, 오토 바그너, 1902~1904년, 오스트리아
규격: 560×590×790mm

요제프 호프만(Josef Hoffmann, 1870~1956년, 체코)

체코의 모라바(Moravia)에서 태어난 건축가이자 디자이너인 호프만은 오스트리아 빈의 순수예술아카데미에서 오토 바그너의 가르침을 받았다. 1896년에는 바그너의 스튜디오에서 일하게 되면서 그의 초기 작품에서 바그너의 영향을 찾아볼 수 있다. 1897년 빈분리파 결성에 참여하며, 1899년부터 비엔나예술학교에서 교수로 근무하였다. 1903년에는 빈분리파를 나와 빈공방을 결성하였으며, 1907년에 결성되는 독일베르크분트에 합류하였다. 호프만은 기하학적이며, 추상적인 형태에 관심이 많아 그것을 건축과 실내장식 그리고 가구에 표현하였다. 그의 가구는 매킨토시의 영향을 받아 직선적인 아르누보에 속한다.

앉는 기계(Sitzmaschine, 그림 3.26)는 빈의 푸르커스도르프(Purkersdorf) 요양원을 위해 제작된 안락의자로 팔걸이와 다리로 이어지는 곡선은 너도밤나무를 구부려 만들었다. 좌판과 팔걸이 아래 측판은 플라타너스 합판으로 제작하였으며, 등받이는 양쪽 팔걸이 뒷부분에 기다란 가로대를 동그란 구에 걸어 원하는 각도로 조절할 수 있다.

3.26 앉는 기계, 요제프 호프만, 1905년
규격: 720×815×1100mm

3.27 플레더마우스, 요제프 호프만, 1907년
규격: 750×550×450mm

플레더마우스(Fledermaus, 그림 3.27) 의자는 호프만이 실내장식을 맡았던 카페 겸 극장이었던 빈의 플레더마우스를 위해 만들었다. 간결한 곡선과 직선의 조화 속에 좌판 아래와 등받이 맨 위의 곡선 아래에 흰색의 구를 장식한 것은 앉는 기계의자에서 보이는 이미지와 유사하다. 목재 틀은 너도밤나무에 검정색으로 도장하였으며, 좌판은 쿠션 위에 가죽으로 마감하였다.

찰스 레니 매킨토시(Charles Rennie Mackintosh, 1868-1928년, 스코틀랜드)

가구디자이너 겸 건축가인 매킨토시는 글래스고우예술학교(Glasgow School of Art)를 졸업하였다. 영국의 미술공예운동을 주도한 인물 중의 한 명으로 1890년대 중반부터 오크로 만들어진 주문 가구를 제작하였다. 그의 가구는 직선적이며 단순하고, 기능보다는 공간에서 보이는 가구의 시각적 측면을 강조하였다. 1900년 빈의 제체시온 전시회에 참여하면서 세계적으로 유명해진다.

힐하우스(Hill House) 사다리의자(그림 3.28)는 실용적이지는 못했으나, 고딕 양식을 현대적으로 해석한 새롭고 독특한 미학으로 주목받았다. 즉 그의 양식은 산업과 관련되지는 못했으나, 19세기의 새로운 돌파구를 제시했다는 점에서 호평받고 있다. 그의 초기가구는 투명한 니스칠을 한 참나무가 많았으나, 후기에는 흰색을 위주로 보석 같은 색채를 사용하였다. 그의 직선적인 형태는 오스트리아의 후기 제체시온에 영향을 끼친다.

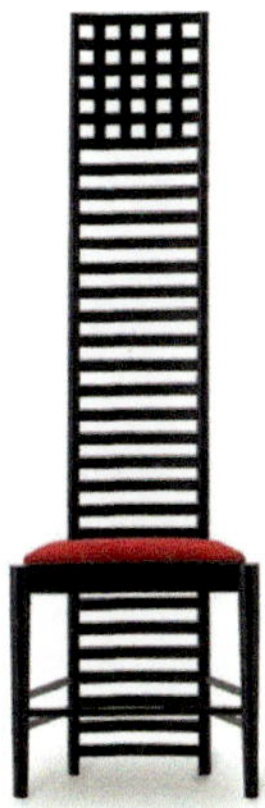

3.28 힐하우스 사다리의자, 매킨토시, 1902년, 스코틀랜드
규격: 1410×380×1400mm

④ 독일베르크분트(DWB: Deutsche Werkbund, 1907~1934년, 독일)

1907년 헤르만 무테지우스(Herman Muthesius)의 발의로 독일의 뮌헨에서 결성된 협회로 '독일공작연맹'이라고도 한다. 영국의 미술공예

운동과 오스트리아 비엔나공예제작소의 미술공예운동의 영향을 받았으나, 전통적인 수공예 방식의 제품 생산방식을 기계를 활용한 합리적인 방식으로 전환하는 계기를 만들었다는 점은 미술공예운동과의 다른 점이다. 미술가, 건축가, 사업가 그리고 미술애호가 등 100여 명이 모여 결성한 이 협회는 미술가와 생산자 간의 긴밀한 유대관계로 독일의 미술과 산업 그리고 공예를 개혁하는 데 목적을 두었다. 제1차 세계대전으로 유럽에서 뒤처지고 있던 독일 산업과 경제성장은 물론 바우하우스 태동에도 큰 영향을 미쳤다. 기계를 활용한 합리적 기능주의의 기틀을 마련하고, 대중주의를 표방한 베르크분트는 1934년 나치에 의해 중단되었으며, 1949년 8개의 지방연합으로 새롭게 발족되어 현재에 이르고 있다. 창립멤버로 활동했던 예술가로는 페터 베렌스(Peter Behrens), 요제프 호프만, 요제프 마리아 올브리히(Joseph Maria Olbrich), 리하르트 리멀슈미트(Richard Riemerschmid) 등이 있다.

독일 베르크분트의 가구는 기능에 충실한 구조로 바퀴, 서랍, 선반 등을 효율적으로 사용하였으며, 직선적이고 기하학적인 형태이다. 대량생산이 가능한 적층곡목법을 사용하였으며, 재료에는 합판, 금속 그리고 유리의 사용이 두드러졌다.

앙리 반 데 벨데(Henry van de Velde, 1863~1957년, 벨기에)

안트베르펜(Antwerpen)에서 태어났으며, 안트베르펜왕립미술아카데미에서 교육을 받았다. 화가로 활동하다가 30대에 건축가이자 디자이너의 길로 방향을 바꾼다. 1906년 바이마르공예학교를 설립하고 독일에 머무는 동안 매킨토시처럼 흰색의 가구들을 디자인하였다. 아르누보로 시작하여 모더니즘 디자인을 추구한 그는 베르크분트의 창립에 참여했으며, 주요 회원으로 활동하다가 무테지우스와의 마찰로 협회를 떠나게 된다. "선은 힘이다."라는 좌우명을 만들었으며, 흐르는 듯한 선 또는 식물줄기들의 추상화된 선들이 특징이었던 아르누보적인 가구와 달리 그의 베르크분트 가구는 단순하고 기능에 충실하며, 날씬하고, 경쾌한 형태를 띤다.

블로멘베르프(Bloemenwerf, 그림 3.29)는 브뤼셀 교외에 설계하고 지은 자신의 집인 블로멘베르프를 위해 디자인한 것이다. 영국 윌리엄 모리스의 레드 하우스(Red House)에서 영향을 받아 가구를 비롯해 벽지, 장식, 커튼 등을 동일한 패턴으로 디자인하였다. 느릅나무로 몸통을 만들고, 좌판은 쿠션 위에 가죽을 올린 후 황동 못으로 박아 마무리하였다. 초기에 만든 의자의 좌판은 짚을 엮어 만들었으나, 고객의 요청으로 천이나 가죽으로 바꾸었다.

3.29 블로멘베르프, 앙리 반 데 벨데, 1895년 , 벨기에
규격: 480×480×920mm

페터 베렌스(Peter Behrens, 1868~1940년, 독일)

함부르크에서 태어났으며, 카를스루에(Karlsruhe)와 뒤셀도르프(Düsseldorf) 예술학교에서 회화를 공부하였다. 1892년 뮌헨의 분리파에 참여하며, 베르크분트의 창립멤버이다. 1907년부터 독일의 유명한 전기 회사 아에게(AEG)의 로고와 제품, 건축 등을 디자인하면서 기업의 이미지와 생산되는 제품들을 통합적으로 디자인해야 한다는 CI(Corporate Identity)개념을 세계 최초로 확립한 것으로 유명하다. 독일 산업디자인 1세대에 속하며, 1922년 빈응용예술아카데미의 건축과와 1936년 베를린의 프러시아응용예술학교의 건축지도자로 활동하면서 르 꼬르뷔제, 발터 그로피우스, 미스 반 데어 로에와 같은 제자를 양성하였다.

3.30 식당 의자, 페터 베렌스, 1902~1903년, 독일
규격: 450×550×990mm

식당 의자(그림 3.30)는 베를린의 베르트하임(Wertheim)백화점을 위해 디자인한 것이다. 전체적으로 직선적이나 네 개의 다리 아랫부분에 잘록하게 들어간 곡선과 등받이가 위로 올라가면서 좁아지는 곡선

이 가미되었다. 등나무 줄기로 좌판을 엮었으며, 나머지는 참나무로 만들었다.

⑤ 아르데코(Art Deco, 1910~1930년, 프랑스)

아르데코는 1925년 파리에서 개최된 '현대장식미술 · 산업미술국제전'에서 붙여진 이름으로 '장식미술'을 의미한다. 프랑스 파리를 중심으로 서유럽에서 번창한 양식으로 큐비즘의 영향을 받아 기하학적인 모티브와 반복적인 패턴으로 실용적이고, 단순한 직선이 특징이다. 아르데코 가구는 별, 태양광선, 지그재그, 기하학적인 모티브를 사용하였으며, 재료로는 흑단, 마호가니와 같은 목재를 비롯해 상아, 진주, 금속, 유리, 가죽 등 다양하게 사용하였다. 색상은 아프리카 예술의 영향으로 빨강과 검정색이 주류를 이룬다.

에밀 자크 룰만(Émile-Jacques Ruhlmann, 1879~1933년, 프랑스)

파리에서 태어난 에밀 자크 룰만은 화가였으며, 1901년부터 가구디자인을 시작하였다. 1919년부터 정기적으로 전시회에 가구들을 선보였는데, 1925년 파리전시회에 발표한 안락의자가 큰 호응을 얻으면서 유명해졌다. 그의 작품은 소파를 비롯해 장식장, 테이블, 의자 등 다양하며 아르데코의 대표적인 작가로 인정받게 된다. 장미목, 흑단과 같은 고급소재를 사용해 상류층만 사용할 수 있는 고가의 가구를 만들었다.

안락의자(그림 3.31)는 프랑스의 앙피르 양식과 유사하며, 자단에 가까운 흑단으로 등받이부터 다리로 흘러내리는 라인과 다리를 제작하였다. 다리 끝부분은 도금된 금속을 대었으며, 다리 바로 위에 좌판을 받치면서 둥근 반원으로 감싸는 목재에는 아르데코의 특징인 소용돌이와 물결문양 그리고 작은 점들을 상아로 상감하였다. 팔걸이에서 시작해 몸을 감싸고 도는 등받이와 바닥방석은 쿠션 위에 붉은색 벨벳으로 마감하였다.

3.31 안락의자, 에밀 자크 룰만, 1925년, 프랑스

아일린 그레이(Eileen Gray, 1879~1976년, 아일랜드)

에니스코시(Enniscorthy)에서 태어났으며, 여류 실내 장식가이면서 가구디자이너이다. 1898년부터 런던의 슬레이드미술학교(Slade School of Art)에서 회화를 공부했으며, 일본의 칠기에 관심을 두고 스가와라에게서 사사하였다. 1919년 파리로 돌아온 그녀는 1922년 실내장식과 가구디자인을 위한 화랑을 열었다. 그녀의 초기 작품은 아르데코 스타일이며, 후반으로 가면서 모더니즘 디자인을 전개한다.

드래곤 안락의자(그림 3.32)는 수잔 탤벗(Suzanne Talbot)를 위해 만들어진 주문 가구이다. 머리가 양쪽 팔걸이에 있는 두 마리의 용은 좌판 밑으로 내려와 의자를 받치는 다리 역할을 하면서 의자 뒤를 돌아 반대쪽 팔걸이로 향하는 모습이다. 목재 위엔 소용돌이 문양이 있으며 옻칠로 마감한 대표적인 아르데코 가구로 손꼽힌다.

3.32 드래곤 안락의자, 아일린 그레이, 1917~1919년

3.33 비벤덤 안락의자, 아일린 그레이, 1926년
규격: 900×830×730mm

비벤덤(Bibendum) 안락의자(그림 3.33)는 프랑스 모자 디자이너인 마담 마티유 레비(Madame Mathieu Lévy)를 위해 디자인한 것이다. 비벤덤이라는 이름은 미쉐린이 타이어를 판매하기 위해 만든 캐릭터에서 유래했다. 너도밤나무로 틀을 만들고, 좌판에는 고무벨트를 장착하여 푹신함을 더했다. 폴리우레탄 폼 위에 가죽으로 마무리하고, 다리는 스테인리스 스틸 관을 사용했는데, 당시로서는 혁신적인 소재였다. 이 안락의자는 초기엔 주목받지 못했으나, 1970년대에 런던의 가구회사가 재생산하면서 널리 알려졌다.

⑥ **데 스틸**(De Stijl, 1917~1931년, 네덜란드)

네덜란드에서 시작된 데 스틸은 잡지의 이름으로 신조형주의라고도 한다. 입체파의 영향을 받았으며, 테오 반 되스부르크(Theo van Doesburg)와 화가 피터 코르넬리스 몬드리안(Pieter-Cornelis Mondriaan)이 주축이 되어 만든 그룹으로 그들만의 법칙을 만들고, 거기에 맞는 작품을 그리거나 만들었다. 표현되는 모든 선은 수직과 수평이어야 하며, 이 선들이 만나 만들어지는 면은 사각형이어야 한다. 색은 무채색 또는 삼원색만 써야했는데, 그 이유는 무채색과 삼원색으로도 모든 색을 구현할 수 있다고 생각했기 때문이다. 보편주의와 객관성을 주장한 데 스틸은 풍경화, 초상화, 정물화만 존재했던 과거의 그림과는 다른 최초의 추상미술운동으로 의의가 있으며, 독일의 바우하우스에 영향을 미친다.

게리트 토마스 리트벨트(Gerrit Thomas Rietveld, 1888~1964년, 네덜란드)

위트레흐트(Utrecht)에서 태어난 리트벨트는 목수인 아버지 밑에서 소목과 금속세공을 배웠다. 위트레흐트응용예술박물관(Utrecht Museum of Applied Arts)에서 건축가 피트 클라르하머(Piet Klaarhamer)와 함께 공부하고, 1917년 자신의 가구 작업장을 열었다. 1918년에 데 스틸그룹에 가입하여 신조형주의에 입각한 적청의자(Red and Blue chair)를 제작하면서 세계적으로 주목받게 된다.

적청의자(그림 3.34)는 두 장의 얇은 합판과 너도밤나무 각재가 나사로 조립되었다. 이 의자는 당시의 가구들이 목재의 결을 최대한 살리는 경향에서 벗어나 신조형주의의 색채 기준에 충실한 칼라 도장을 시도한 것과 각재와 판재로 이루어진 의자의 구조가 가장 큰 특징이다. 이러한 구조는 바우하우스의 마르셀 브로이어에게 영향을 주어 최초의 금속관 의자를 만드는데 기초가 된다.

3.34 적청의자, 게리트 리트벨트, 1918년
규격: 600×750×870mm

3.35 지그재그의자, 게리트 리트벨트, 1932년
규격: 900×830×730mm

지그재그(Zig-Zag)의자(그림 3.35)는 물푸레나무로 만들고 투명한 래커 도장으로 마무리하였다. 열장장부촉이음을 사용하여 조립하였으며, 좌판 앞쪽 아래와 뒤쪽 다리 아래의 꺾이는 부분은 인체의 하중을 받치기 위해 삼각형의 목재를 덧대었다. 단순한 형태로 가벼우며, 쌓을 수 있어 보관이 용이하다.

⑦ **바우하우스**(Bauhaus, 1919~1933년, 독일)

독일어 바우(Bau)는 건축, 건설, 건축양식을 뜻하는 명사이며, 바우엔(bauen)이라는 동사를 갖는다. 하우스(Haus)는 집이라는 의미이며, 바우하우스는 이 두 단어가 합쳐진 것으로 '집을 짓다'라는 의미로 볼 수 있다. 이것은 모든 예술은 건축으로 통한다는 바우하우스의 이념과 일치한다. 모든 미술분야를 통합하고, 공예의 지위를 순수미술의 수준까지 올리는 것을 목표로 하였으며, 공예 및 산업체 지도자들과의 지속적인 접촉을 시도하고, 산학협동프로젝트를 실시하였다. 데 스틸의 영향을 받아 기계 제작이 용이한 직선을 주로 사용하였으며, 재료는 이전의 목재에서 벗어나 유리, 금속 등을 가구에 접목하였다. 모더니즘의 꽃이라고 불리는 바우하우스는 교육과정을 새롭게 구축하는데, 이것은 현대 독일의 교육과정의 기초가 되었다. 바우하우스는 모더니즘을 대표하는 양식이면서 학교 이름이므로 설립되었던 장소에 따라 바이마르(Weimar, 1919-1925년), 데사우(Dessau, 1925-1932년), 베를린(Berlin, 1932-1933년) 바우하우스로 구분한다.

마르셀 브로이어(Marcel Breuer, 1902~1981년, 헝가리)

독일로 건너와 1920년부터 1924년까지 바우하우스에서 수학하였다. 1925년부터 1928년까지 데사우 바우하우스의 교수로 재직했으며, 금속관으로 의자를 만들면서 가구의 역사에 기록되는 중요한 인물이 되었다. 그는 전쟁으로 인해 미국으로 망명하여 1937년에 하버드대 교수를 역임하고, 뉴욕에서 사망할 때까지 모더니즘적인 건축물을 설계하였다.

바실리(Wassily) 의자(그림 3.36)는 1925년에 만들어진 금속튜브 의자가 모체이다. 이 의자는 당시 바우하우스의 교수로 있던 화가 바실리 칸딘스키(Wassily Kandinsky)를 위해 디자인한 것으로 1960년부터 '바실리 의자'라는 이름이 붙여졌다. 금속튜브 의자는 당시에 자전거에 사용되었던 금속관에서 힌트를 얻어 만들어진 것으로 세계 최초의 금속관 의자이다. 크롬도금으로 마감되었는데, 크롬도금은 변색되지 않고 외관이 아름다워 기계는 물론 화장품, 장식품에도 사용된다. 팔걸이와 등받이는 생산 초기에 재료비 절감을 위하여 천을 사용했으나, 후에 가죽으로 대체되었다. 금속이 비어 있어 가볍고 경쾌하면서도 튼튼하며, 원목으로 만들기 어려운 곡선 처리가 돋보인다. 이 의자는 기계 제작에 용이한 구조와 재료를 사용한 의자로 가구에 금속이 사용되는 중요한 계기가 되었다.

3.36 바실리 의자, 마르셀 브로이어, 1927년
규격: 790×800×790mm

루드비히 미스 반 데 로에(Ludwig Mies van der Rohe, 1886~1969년, 독일)

아헨(Aachen)에서 태어나 1905년부터 1907년까지 뮌헨의 예술공예학교에서 수학하였으며, 베를린에서 건축을 전공했다. 페터 베렌스의 사무실에서 일을 배웠으며, 1914년 개인 건축사무소를 설립하고, 자신이 설계한 건물의 모든 가구를 설계한다. "적은 것이 더 많은 것이다."라고 말했던 그의 가구들은 장식을 배제하고, 자유로운 공간에서의 배치와 구조의 명쾌함을 추구하였다. 1927년 독일베르크분트의 부회장을 역임한 로에는 바우하우스 교장을 맡으면서는 급진적인 학생들의 정치활동을 금하기도 한다. 그는 1930년부터 완전히 폐쇄되는 1933년까지 바우하우스를 마지막으로 이끈 교장이었다.

3.37 MR사이드 의자, 미스 반 데 로에, 1927년
규격: 470×719×788mm

3.38 관형 의자, 마트 스탐, 1926년

MR사이드 의자(그림 3.37)는 크롬 도금한 금속관으로 뼈대를 만들었다. 검정색 가죽으로 등받이와 좌판을 만든 대표적인 캔틸레버(Cantilever) 의자이다. 캔틸레버는 건축에서 시작되었는데, 한 쪽 끝은 받쳐지지 않은 상태로 되어있는 보를 말한다. 따라서 캔틸레버 의자는 다리가 한 쪽은 있으나 다른 쪽에는 없는 의자로 이러한 캔틸레버 의자의 유럽 특허를 처음으로 취득한 사람은 건축가 마르트 쉬탐(Mart Stam, 1899~1986년, 네덜란드)이다. 쉬탐의 관형 의자(그림 3.38)는 가스관을 금속제 연결철물로 조립한 초기 시제품이 발전한 형태로 마르셀 브로이어와 미스 반 데 로에에게 영향을 미친다.

바르셀로나 의자(Barcelona Chair, 그림 3.39)는 1929년에 바르셀로나 국제박람회의 독일관을 위해 제작된 것으로 금속관이 아니라 금속판과 가죽으로 되어있다. 고대 이집트의 X자형 접는 스툴에서 모티브를 얻어 디자인하였으며, 등방석과 바닥방석은 탈부착이 가능하다.

3.39 바르셀로나 의자, 미스 반 데 로에, 1929년
규격: 750×760×770mm

⑧ 기타

르 코르뷔지에(Le Corbusier, 1887~1965년, 스위스)

라 쇼드퐁(La Chaux-de-Fonds)에서 태어났으며, 라쇼드퐁장식미술학교에서 수학하였다. 건축가 샤팔라(R. Chapallaz) 밑에서 건축을 배웠으며, 파리로 건너가 건축가 오귀스트 페레(Auguste Perret)에게 본격적으로 건축을 배운다. 프랑스를 중심으로 활동한 그는 건축가이며, 가구디자이너로 '집은 살기 위한 기계'라는 이념 아래 국제적인 합리주의 건축사상의 대표주자가 되었다.

'위대한 편안함(Grand Confort: 그랑콩포르)' 이라는 제목의 LC2 소파(그림 3.40)는 르 코르뷔지에가 사촌 피에르 잔느레(Pierre Jeanneret), 샬로트 페리앙(Charlotte Perriand)과 협업하여 만든 LC시리즈 중의 하나이다. LC는 르 코르뷔지에의 이름 앞 스펠링을 딴 것이며, 초기에는 사용된 강철관의 생소함으로 호응을 얻지 못해 몇 개만 제작되었고, 35년

이 지난 1965년경에 대량생산되기 시작하였다. 쿠션을 담아두는 바구니에서 아이디어를 얻어 크롬 도금한 스테인리스 스틸파이프가 깃털로 가득 찬 가죽쿠션을 둘러싸면서 받치고 있는 정육면체의 기하학적인 형태이다. 금속의 광택과 고급스러운 가죽의 조화가 돋보이며, 마치 견고한 건축물의 구조를 보는 듯하다.

3.40 LC2, 르 코르뷔지에. 피에르 장네레, 샬로트 페리앙, 1928년
규격: 760×700×700mm

3.41 LC4, 르 코르뷔지에, 피에르 장네레, 샬로트 페리앙, 1928년
규격: 560×1600×730mm

LC4 안락의자(그림 3.41)는 크롬 도금한 금속관으로 틀을 만들고, 고탄성 폼에 가죽으로 마감한 시트를 올렸다. 금속 틀과 시트는 분리되

므로 원하는 자세를 위해 각도 조절이 가능하다. 즉 머리가 다리보다 위에 있도록 위치를 바꿀 수 있으며, 하단의 검정 틀을 제거하고 바닥에 두면 흔들의자로도 사용할 수 있다.

위에서 살펴본 바와 같이 근대 후기는 산업혁명으로 인해 대량생산되는 가구가 등장한다. 모더니즘의 꽃인 바우하우스가 중심이 되는 이 시기의 가구들은 기계 제작이 용이한 직선적인 형태이다. 재료는 기존의 원목에서 탈피하여 철과 유리의 사용이 두드러지며, 쿠션감이 강화된 안락의자와 소파의 발달도 특이점이다. 즉, 근대 후기의 가구는 독일을 비롯해 영국, 프랑스, 네덜란드 등 유럽 전역에서 일어난 양식을 중심으로 발달하였다.

네덜란드
미국
스위스
영국
이탈리아
폴란드
독일
브라질
스칸디나비아
오스트레일리아
캐나다
프랑스

현대

(1946~2023년 현재)

제 4 장 현대 (1946~2023년 현재)

제2차 세계대전이 종료된 1945년 이후부터 시작되는 현대가구디자인의 내용은 가나다순의 나라별로 분류하였으며, 디자이너는 출생국과 관계없이 시민권을 획득했거나 주로 활동하는 국가를 중심으로 기술하였다. 따라서 디자이너 이름 옆에 기재된 국가는 출생한 나라이므로 활동무대로 분류된 국가명과 다를 수 있다. 디자이너는 가구 관련 공모전에서 수상하거나 전시 및 박람회에서 큰 호응을 얻어 역사적으로 의의가 있고, 객관적인 명성을 얻었는지의 여부를 기준으로 선정하였으며, 대표작은 디자이너 당 1~2개를 제시하였다. 나라에는 네덜란드, 독일, 미국, 브라질, 스위스, 스칸디나비아, 영국, 오스트레일리아, 이탈리아, 캐나다, 폴란드 그리고 프랑스가 포함된다.

1 네덜란드

네덜란드의 가구는 1917년 몬드리안을 주축으로 결성된 데 스틸의 회원으로 활동한 리트벨트 이후 주목받은 디자이너가 없었으나, 현대에 들어와 드록 디자인과 피트 하인 이크가 버려지는 재료를 활용한 디자인을 선보이면서 세계의 관심을 받고 있다. 이 외에 우주항공에 사용되는 재료를 가구에 접목시킨 마르셀 반더스가 대표적이다.

① **드록 디자인**(Droog Design, 1993년, 네덜란드)

드록은 네덜란드어로 '건조하다'라는 의미이며, 레니 라마커스(Renny Ramakers)와 기스 바컬(Gijs Bakker)이 공동으로 암스테르담(Amsterdam)에 설립하였다. 쓰고 버려지는 재료를 사용해 생태와 환경에 대한 메시지를 전하는 실험적인 작품들을 발표하였다. 물질주의를 비판하고, 디자인의 새로운 해석과 개념적 접근시도가 문화적 운동의 한 부분으로 자리 잡으면서 세계적으로 알려지게 된다.

누더기 의자(Rag chair, 그림 4.1)는 테조 레미(Tejo Remy, 1960년~)가 디자인한 의자로 버려진 옷이나 천으로 만들었다. 의자 가운데에 인체 하중을 지탱할 수 있는 목재로 틀을 만들고, 그 위에 넝마를 올려 틀이 보이지 않게 한 후 검정색 쇠줄로 묶어 고정하였다. 이것은 과도한 소비문화에 대한 비판이 내포되어 있다.

4.1 누더기 의자, 테조 레미, 1991년
규격: 600×600×1000mm

서랍장(Chest of Drawers, 그림 4.2)도 테조 레미가 디자인한 것으로 다양한 모양의 서랍들이 수평 또는 사선의 쓰러진 상태로 묶여 있다.

마치 버려진 가구에서 서랍만 떼어 내어 고무 밴드로 잡아맨 듯이 연출한 것이 독창적인데, 이는 일반적인 가구의 정렬된 모습이 아닌 자연스럽게 쌓여있는 쓰레기 더미를 연상하게 한다. 똑같은 것을 만들 수 없기 때문에 한정판으로 생산되며, 대량생산되는 수납가구처럼 많은 것을 담을 수는 없지만, 버려진 가구를 재활용하여 세계에서 하나밖에 없는 가구를 탄생시켰다는 점에서 의의가 있다.

4.2 서랍장, 테조 레미, 1991년
규격: 1600×650×1410mm

② 마르셀 반더스(Marcel Wanders, 1963년~, 네덜란드)

복스털(Boxtel)에서 태어났으며, 1988년 아르넴아트스쿨(School of the Arts Arnhem)을 졸업했다. 1995년 암스테르담에 스튜디오를 설립했으며, 1996년 드록디자인을 위해 만든 매듭 있는 의자(Knotted Chair)로 유명해졌다. 2001년 모이(Moooi)를 공동 설립하고, 건축, 인테리어, 제품디자인을 연구하고 있다.

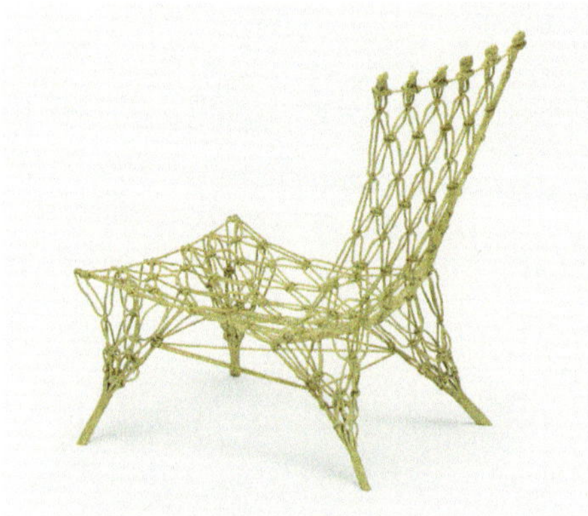

4.3 매듭 있는 의자, 마르셀 반더스, 1996년
규격: 500×620×710mm

매듭 있는 의자(그림 4.3)는 수예의 한 종류로 실이나 끈을 매듭지어 레이스와 유사한 직물을 만드는 기술인 마크라메(Macramé)를 각색한 것이다. 델프트 공과대학의 항공학부와 드록디자인의 협업으로 만들어진 이것은 수공예와 산업 기술의 결합을 보여준다. 항공우주 공학분야에서 사용되는 강하고 가벼운 내열성 소재인 아라미드 섬유(Aramid Fiber)로 구성된 줄을 꼬아 손으로 매듭을 짓는다. 이것을 에폭시 수지에 담갔다가 틀에 매달아 공중에서 말릴 때 등받이는 중력에 의해 자연스럽게 휜다. 가볍고 매듭 사이의 뚫린 구멍으로 공간이 보이는 투명성으로 약해 보이지만, 방탄조끼에 사용할 정도로 강한 재료인 탄소섬유로 만들어져 견고하다.

③ 피트 하인 이크(Piet Hein Eek, 1967년~ , 네덜란드)

피트 하인 이크는 아인트호벤(Eindhoven)에서 산업디자인을 전공했으며, 폐목재를 모아 가구를 만드는 디자이너로 유명하다. 인도네시아나 필리핀을 여행하면서 버려진 배와 건물에서 나무판대기를 수집해서 이것을 손질하여 새로운 가구를 제작하였다. 동일한 재료가 없으므로 똑 같은 제품을 만들 수 없는 것이 특징인 그의 가구는 다양한 색상의 천 조각을 이어 만든 우리나라 보자기 같은 느낌이 우리의 정서에 잘 어울린다. 그의 작품들은 '흠 없이 완전한 것에 대한 갈망'에 반대하는 작업이다. 따라서 양산되는 가구들처럼 매끄럽거나 일정하지 않으며, 단단하고 투박한 것이 자연스러움을 더욱 강조하고 있다. 2004년부터 시작된 그의 재활용 가구는 스크랩우드(Scrapwood: 재활용 나무)라는 새로운 장르를 탄생시켰다.

4.4 테이블과 의자, 피트 하인 이크, 2004년

2 독일

독일은 모더니즘의 꽃이었던 바우하우스가 근대 말 무렵에 세계의 중심이 되면서 가구디자인 또한 선두자리를 차지하였다. 그러나 히틀러에 의해 바우하우스가 해체되고, 감성을 중시하는 포스트모더니즘 시대가 도래하면서 기능중심의 독일 가구디자인은 침체기에 접어든다. 현대에 이르러 디터 람스, 막스 빌, 프랭크 슈라이너 그리고 콘스탄틴 그리치치 등을 중심으로 재도약을 시도하고 있다.

① 디터 람스(Dieter Rams, 1932년~ , 독일)

비스바덴(Wiesbaden)에서 태어난 람스는 어릴 때 할아버지의 목공소에서 자주 시간을 보냈으며, 1947년 비스바덴미술대학에서 건축과 실내디자인을 전공한다. 1953년부터 2년간 프랑크푸르트의 건축사무소에서 경험을 쌓았으며, 1955년 브라운사(Braun AG)에 입사하면서 새로운 전환기를 맞는다. 수석디자이너로 일하면서 기하학적이며, 단순한 디자인들을 선보이는데, 그에게 있어 가구란 장식품이나 예술품이 아니라 실제로 쓰이는 실용성과 기능성에 그 초점이 맞추어졌다. 이러한 철학은 막스 빌(Max Bill)에서 영향을 받았으며, 제2차 세계대전으로 황폐해진 독일의 디자인을 바우하우스의 이념에 기초하여 세계 반열에 올려놓는 역할을 하였다. 또한 람스는 그의 저서에서 '굿 디자인(Good Design)'의 10가지 기준을 다음과 같이 언급하였다. 첫째, 혁신적이어야 하며 둘째, 기능적이고 셋째, 미적으로 아름다우며 넷째, 제품의 용도를 한눈에 알아볼 수 있어야 하고 다섯째, 경박하지 않고 여섯째, 튼튼하며 일곱째, 오래가고 여덟째, 기술적인 모순이 없으며 아홉째, 환경친화적이며 마지막으로 가능한 한 작은 디자인을 하는 것이다. 또한 이러한 좋은 디자인을 하기 위해 디자이너는 도구, 재료, 생산, 가공기술, 가격, 원가, 모델링, 사용자 심리 등을 파악해야 한다고 주장하였다. 1995년 독일 부퍼탈(Wupertal)미술대학의 입학시험 중의 하나인 포트폴리오 1차 전형의 주제로 "디터 람스의 업적과 작품에 관해 설명하시오."가 출제될 정도로 독일을 대표하는 디자이너이다. 브라운사에 근무하면서 동시에 덴마크의 닐스 비초에(Niels Vitsoe)와 함께 회사 비초에(Vitsoe)를 창립하고, 1997년 브라운사를 퇴직할 때까지 양쪽 일을 병행하였다.

비초에620(그림 4.5)은 비초에를 위해 디자인한 안락의자로 바닥과 팔걸이는 자작나무합판으로 만들었다. 바닥 위의 두꺼운 쿠션은 코일 스프링(coil-sprung) 구조 위에 찢어진 코코넛 껍질과 천연 고무의 혼합물로 된 코이어 몰딩(coir molding)을 올려 푹신함을 더했다. 오리털이 내장된 바닥과 등 방석은 가죽으로 마감되었으며, 하단에는 바퀴를 달아 이동이 자유롭게 고안되었다. 최소한의 재료와 간단한 구조로 자칫 무거워질 수 있는 안락의자를 가볍고 경쾌하게 처리한 것이 특징이다.

4.5 비초에620, 디터 람스, 1962년
규격: 860×760×690mm

② **막스 빌**(Max Bill, 1908~1994년, 스위스)

건축가이자 디자이너인 빌은 스위스의 빈터투르(Winterthur)에서 태어났다. 1924년부터 1927년까지 취리히시립미술공예학교에서 수학하였으며, 1927년부터 1928년까지는 독일 데사우 바우하우스에서 공부하였다. 1932년부터 화가, 그래픽디자이너, 조각가로 활동하였고, 또한 이론가로 활동하면서 전쟁 후 독일 디자인을 형성하는 데 중요한 역할을 하였다. 모더니즘의 부활을 목표로 한 울름조형대학의 창설멤버로 1951년부터 1953년까지 울름조형대학의 건물을 설계하였다. 울름조형대학의 초대교장을 맡았으며, 1967년부터 1974년까지 함부르크예술대학의 환경조형학과 교수로 재직하였다. "형태는 기능을 따른다."라는 과거의 기능주의를 비판하고 대량생산되는 제품은 기능을 통해서 나타나는 필연적인 미가 아니라 아름답게 조형되어야 한다고 주장하였다. 또한 좋은 형태는 단순함과 자연스러움에 있다고 강조하였으며, 연구와 실습을 중시하는 교육이념을 펼쳤다.

울름 스툴(Ulm Stool)로도 불리우는 빌의 스툴(그림 4.6)은 한스 구겔롯(Hans Gugelot)과 공동으로 디자인한 것으로 울름대학의 학생들을 위해 제작되었다. 가볍고 튼튼하며 간결한 이것은 3개의 자작나무합판과 한 개의 봉으로 만들어졌다. 다리 역할을 하는 양쪽 판재와 좌판은 사개맞춤으로 결합되고, 발받침 역할을 하면서 두 다리를 이어주는 둥근 봉은 장부촉짜임으로 조립되었다. 다리 하단에는 바닥과의 마찰을 최소화하기 위하여 앞과 뒤만 굽을 만들고, 가운데는 뜨게 설계되었다. 이것은 그의 디자인 철학을 잘 나타내고 있으며, 더 이상 단순화될 수 없는 독일 디자인의 특징이 그대로 녹아있다.

4.6 스툴, 막스 빌, 한스 구겔롯, 1954년
규격: 400×275×450mm

③ 프랭크 슈라이너(Frank Schreiner, 1959년~ , 독일)

슈라이너는 시각디자인을 전공한 작가이자 디자이너이며, 1982년 베를린에 스틸레토(Stiletto) 스튜디오를 설립하면서 가구디자인을 시작하였다. 1983년 수퍼마켓의 쇼핑 카트(shopping cart)를 재활용한 '소비자의 휴식(Consumer's Rest)'을 발표하면서 유명해진다. 1988년부터 뒤셀도르프미술아카데미에서 백남준의 가르침을 받아 비디오아티스트로도 활동하였다.

소비자의 휴식(그림 4.7)은 수퍼마켓에서 실제 사용하는 쇼핑 카트를 자르거나 구부려 좌판과 팔걸이를 만들었다. 제목에서 보다시피 수퍼마켓에서 필요 이상의 과소비를 하는 소비자가 잠시 쇼핑을 멈추고, 카트에 앉아 쉬면서 소비에 대한 각성을 해야 한다는 메시지를 전달하고 있다. 즉, 현대 물질주의를 풍자한 것으로 일상적으로 사용하는 물건을 재해석하여 새로운 기능을 창출한 것으로 주목받았다.

4.7 소비자의 휴식, 프랭크 슈라이너, 1983년
규격: 740×680×1020mm

④ 콘스탄틴 그리치치(Konstantin Grcic, 1965년~, 독일)

그리치치는 뮌헨에서 태어났으며, 영국의 존메익피스학교(The John Makepeace School)에서 소목장 일을 배웠다. 1988년부터 1990년까지 영국의 왕립미술학교(Royal College of Art)에서 디자인을 공부하면서 영국의 디자이너 재스퍼 모리슨(Jasper Morrison)의 조교로 활동하였다. 1991년 뮌헨에 개인사무실 KGID(Konstantin Grcic Industrial Design)을 설립하며, 영국의 실용주의와 독일의 신중함이 가미된 디자인을 선보이고 있다. 2000년 벨기에에서 열린 인테리어비엔날레에서 '주빈(Guest of Honour)'이라는 주제로 자신의 작품들을 발표하였으며, 2003년 시멘트를 접목한 체어 원(Chair One)을 디자인하면서 세계적으로 유명해졌다. 2007년 쾰른의 '건축 그리고 거주하다(Architektur

& Wohnen)'에서 올해의 디자이너로 선정되었고, 미국의 마이에미(Miami)에서 '2010년 디자이너상'을 수상하였다.

체어 원(그림 4.8)은 이탈리아의 가구회사 마지스(Magis)를 위해 디자인 되었다. 하단의 나팔형태는 무색의 함침 시멘트로 만들어져 의자의 무게중심 역할을 하며, 좌판과 등받이는 알루미늄 주조방법인 다이캐스트(die cast)로 제작하고, 불에 타지 않는 티타늄 및 폴리에스터(polyester) 페인트로 도장하였다. 기하학적인 형태는 마치 산이나 들판에 세워진 전신주를 연상시키며, 건축물의 구조적 특성을 강조하고 있다.

4.8 체어 원, 콘스탄틴 그리치치, 2003년
규격: 550×590×800mm

미우라 스툴(Miura Stool, 그림 4.9)은 이탈리아 가구회사 플랭크(Plank)를 위해 디자인한 바(Bar)스툴이다. 쌓을 수 있어 적재와 이동이 용이하며, 알루미늄보다 2.5배 가량 더 견고하고 재활용이 가능한 강화 폴리프로필렌(polypropylene)으로 만들어졌다. 여러 방향으로 각진 디자인이 안전하면서도 하이테크(hightech)적인 느낌을 주는 것이 특징이다. 이 스툴로 2005년에 100% 디자인 블루프린트 최우수 제품상과 2006년 쾰른국제가구박람회(IMM)에서 인테리어혁신상 그리고 2007년 독일연방공화국디자인상에서 은상을 수상한다.

4.9 미우라 스툴, 콘스탄틴 그리치치, 2003년
규격: 470×400×810mm

3 미국

미국의 가구디자인은 독일의 바우하우스가 해체되면서 미국으로 망명했던 바우하우스의 교수들에 의해 영향을 받았다. 또한 1900년대 초반에 작은 물체처럼 부분적으로 쓰였던 플라스틱을 1950년대 후반에 찰스 임스와 이에로 사리넨이 가구에 적용하기 시작하면서 플라스틱 가구의 발전이 시작되었다. 그들은 플라스틱을 활용하여 유기적인 형태를 창출해 내면서 미국은 물론 세계의 가구디자인 발전에 큰 공헌을 하였다. 이 외에도 가에타노 페세, 조지 넬슨, 프랭크 게리, 해리 베르토이아가 미국의 대표적인 가구디자이너이다.

① 가에타노 페세(Gaetano Pesce, 1939년~, 이탈리아)

건축가이자 가구디자이너인 페세는 이탈리아 라스페치아(La Spezia)에서 태어났다. 베네치아(Venezia)대학에서 건축을 전공하고, 1967년 뉴욕으로 이주하여 현재까지 거주하고 있다.

뉴욕썬셋소파(Sunset in New York sofa, 그림 4.10)는 카시나(Cassina)를 위해 디자인한 것으로 뉴욕의 퇴폐 또는 타락을 표현하였다. 뉴욕의 빌딩 사이로 태양이 떠오르는 모습은 초기작품이며, 이후 태양 대신 달을 중앙의 등방석으로 표현하고, 팔걸이와 바닥방석은 빌딩에서 새어나오는 불빛으로 만들어진 도시의 야경을 연상케 하는 밤 버전을 개발한다. 합판으로 된 후레임에 폴리우레탄 폼으로 감싼 다음, 천으로 마감하였으며, 총 7개의 조각으로 구성된 모듈식이다. 이동이 용이하도록 바퀴가 달려있다. 초기에 만들어진 소파는 규격이 작았으나 이후에는 좀 더 커진다.

4.10 뉴욕썬셋소파(아침), 가에타노 페세, 1979년
초기 규격: 880×410×470mm

4.11 펠트 안락의자, 가에타노 페세, 1987년
규격: 660×730×1300mm

펠트(Feltri) 안락의자(그림 4.11)는 카시나를 위해 디자인한 것으로 촘촘하고 두꺼운 울 펠트(Wool Felt)로 만들었다. 유연한 곡선으로 감싸는 갈색의 뒷면은 일체형이며, 내부는 폴리에스터 충전제와 결합된 빨간색 퀼트로 만들어졌다. 하부는 열경화성수지를 함침하여 견고하며, 좌판은 대마끈을 사용하여 틀에 고정하였다.

② 이에로 사리넨(Eero Saarinen, 1910~1961년, 핀란드)

핀란드 헬싱키에서 태어났으며, 건축가인 아버지를 따라 1923년 미국으로 이주하였다. 1929년 파리의 그랑드쇼미에르(Grande Chaumiere) 아카데미에서 조각을 전공하고, 1930년에 예일대학 건축과에 입학한다. 1930년대 말부터 아버지가 교장으로 있던 크랜브룩아카데미(Cranbrook Academy of Art)의 교수로 재직하였다. 여기서 찰스 임스를 만나 1937년부터 그와 함께 합판 및 파이버글라스(fiberglass)를 활용한 의자를 개발하였으며, 가구뿐만 아니라 건축 분야에서도 많은 업적을 남겼다.

파이버글라스는 유리를 섬유 모양으로 한 광물섬유로 고온에 견디며, 불에 타지 않는다. 흡수성이 없고, 흡습성이 적다. 화학적 내구성이 있기 때문에 부식하지 않으며, 인장강도가 강하다. 신장률이 적으며, 전기 절연성이 크다. 내마모성이 적고, 부서지기 쉬우며 비중은 나일론의 2.2배, 무명의 1.7배이다.

튤립의자(Tulip Chair, 그림 4.12)는 미국의 놀(Knoll)사를 위해 만들어졌다. 좌판은 파이버글라스를 사용하여 사출성형법으로 만들어졌으며, 다리와 다리를 받치는 받침대는 알루미늄으로 제작되어 흰색 래커로 도장되었다. 사출성형은 유동상태의 플라스틱을 폐쇄된 상태의 금형틀에 넣고 냉각시켜서 굳으면 금형틀을 열어 성형품을 얻어내는 것으로 플라스틱 성형 방법 중 가장 널리 사용된다. 이 의자는 부품이 없이 마치 하나의 덩어리로 제작된 것처럼 보이도록 의도한 의자로 좌판엔 벨벳으로 마감한 빨간 쿠션이 장착된다.

4.12 튤립의자, 이에로 사리넨, 1950년
규격: 480×490×790mm

③ 조지 넬슨(George Nelson, 1908~1986년, 미국)

코네티컷(Connecticut)에서 태어났으며, 예일대학에서 건축을 공부하였다. 1932년부터 2년간 이탈리아 로마에 교환교수로 머물면서 유럽을 여행하는데, 여기서 만난 건축가들로부터 기능주의 영향을 받았다. 건축가이자 저널리스트였던 그는 1945년부터 20년간 가구회사 허먼 밀러(Hermen Miller)에서 근무하였으며, 이후에는 자신의 스튜디오를 설립하여 디자인하였다.

마시멜로우(Marshmallow) 소파(그림 4.13)는 1954년에서 1956년까지 조지 넬슨과 어빙 하퍼(Irving Harper)가 함께 디자인한 것이다. 에나멜이나 크롬 도금한 금속 다리와 틀 위에 다양한 색상의 원형 쿠션들이 부착되어 팝 아트의 기하학적 특성이 잘 나타나는 가구이다. 팝 아트는 1960년대 미국에서 일어난 미술경향으로 콜라캔, 만화캐릭터 등 흔한 소재를 미술작품에 사용한 대중예술이다. 동그란 쿠션은 달콤하고 부드러운 마시멜로우처럼 삼차색부터 원색까지 다양한 인조가죽으로 연출되며, 1986년에 단종되기까지 총 1961개만 생산되어 상업적으로는 성공하지 못했다.

4.13 마시멜로우 소파, 조지 넬슨, 어빙 하퍼, 1956년
규격: 1300×760×790mm

코코넛 의자(그림 4.14)는 코코넛을 여덟 부분으로 자른 조각을 모티브로 하여 붙여진 이름이다. 몸통은 곡선으로 된 기하학적인 삼각형 모양을 하고 있으며, 폴리우레탄 폼으로 된 검정색 쿠션은 인조가죽으로 마감하였다. 생산 초기에는 쿠션을 받치고 3개의 금속다리와 연결되어 있는 흰색 부분을 강철로 만들었으나, 의자를 더 가볍게 하기 위해 유리섬유강화플라스틱으로 바꾸었다.

4.14 코코넛 의자, 조지 넬슨, 1956년
규격: 1040×840×840mm

④ 찰스 임스(Charles Eames, 1907~1978년, 미국)

세인트 루이스(Saint Louis)에서 태어난 임스는 플라스틱 가구의 개척자로 워싱턴대학에서 건축을 전공하였고, 미스 반 데 로에에게 사사하였다. 1930년에는 자신의 사무실을 설립하며, 제2차 세계대전 중에 해군으로부터 성형합판으로 만들어진 들것과 부목 등을 의뢰받은 임스는 성형합판 가구 제작에 착수하게 되는 계기를 맞는다. 1940년에 의자공모전에서 이에로 사리넨과 함께 출품한 의자가 대상을 수상하면서 세상에 널리 알려지게 된다. 1941년 결혼하여 아내 레이 임스(Ray Eames)와 함께 많은 가구들을 디자인하는데, 초기에는 합판성형을 주로 다뤘으며, 이후에는 플라스틱 성형 의자에 주력한다.

라 셰즈(La Chaise, 그림 4.15)는 미국 조각가인 가스통 라셰즈(Gaston Lachaise)의 조각 작품에서 영감을 받아 디자인되어 붙여진 이름이다. 임스 부부는 1948년 뉴욕현대미술관이 개최한 국제저비용 가구디자인 공모전에 작품 2개를 출품하는데, 라 셰즈는 그중 하나로 복잡한 제작 과정과 고가의 비용으로 공모전에 당선되지 못했다. 따라서 이 의자는 1990년에 비트라가 생산하기 이전까지 단 한 개의 시제품만 존재하였다. 파이버글라스로 만들어진 넓은 좌판은 흰색 래커로 도장하고, 금속관의 다리는 크롬으로 도금하였다. X자형 다리 받침은 참나무에 투명 래커로 도장하였다.

4.15 라 셰즈, 찰스 임스, 1948년
규격: 1500×1500×870mm

4.16 라운지 의자, 찰스 임스, 1956년
규격: 440×540×650mm

라운지(Lounge) 의자(그림 4.16)는 합판을 성형한 후 표면에 호두나무 무늬목을 바르고, 투명래커로 도장하였다. 무늬목은 18세기부터 널리 알려진 표면처리기법이며, 톱으로 통나무를 균일하고 얇게 깎아 만든다. 이것은 합판이나 MDF(Medium Density Fiberboard)와 같이 표면이 아름답지 못한 목질재료에 접착제로 붙여 원목처럼 보이도록 하는 데 사용한다. 다리와 등받이 지지대는 알루미늄이며, 다리는 5개의 발로 이루어져 있다. 의자의 몸통은 회전되며, 고밀도 폼으로 좌판과 등받이를 만든 후 가죽으로 마감하였다. 쿠션은 좌판 밑과 등받이 뒤쪽에서 단추를 실로 잡아당겨 고정시키는 다이아몬드 주름기법을 사용하여 생긴 자연스러운 주름으로 인해 부드럽고 푹신한 느낌을 더 해준다.

⑤ 프랭크 게리(Frank O. Gehry, 1929년~, 캐나다)

건축가인 게리는 토론토에서 태어났으며, 16세 때 미국으로 이주했다. 캘리포니아대학에서 건축을 공부하였으며, 1962년 건축사무소를 설립하여 활동한다. 1993년 이탈리아의 베네치아건축비엔날레에서 미국의 대표적 건축가로 선정되었으며, 무질서하고 비정형화된 파격적인 건축디자인이 특징이다.

게리는 1972년에 골판지로 만든 17개의 이지 에지(Edge Edges)시리즈를 발표하였다. 이 시리즈는 건축가인 그가 디자인한 유일한 가구이며, 건축모형 재료로 쓰이는 골판지를 보고, 가구로 만들어 보고 싶어 시도되었다. 움직이는 측면 의자(Wiggle Side Chair, 그림 4.17)는 접착제를 이용하여 골판지를 여러 겹으로 붙이고, 양끝 측면에는 마모를 방지하기 위해 하드보드지로 마감하였으며, 좌판의 가운데는 둥근 나무 기둥으로 지지한 의자이다. 종이 가구의 가능성을 보여준 시도로 종이 가구 출현의 기초가 되었다.

4.17 움직이는 측면 의자, 프랑크 게리, 1972년
규격: 350×610×870mm

⑥ 해리 베르토이아(Harry Bertoia, 1915~1978년, 이탈리아)

산 로렌조(San Lorenzo)에서 태어났으나, 15세 때 미국으로 이주하여 조각가와 가구디자이너로 활동하였다. 클린브룩미술학교에서 금속공예를 전공했으며, 그곳에서 발터 그로피우스, 이에로 사리넨 그리고 찰스 임스를 만나게 된다. 졸업 후 1943년까지 클린브룩미술학교에서 금속공예를 가르쳤으며, 1952년에는 놀(Knoll)사의 연구개발실에 들어갔다. 입사한 해에 철망구조의 다이아몬드(Diamond)의자를 디자인하면서 세계적으로 유명해졌다. 초기의 이 의자는 모두 수작업으로 이루어졌으며, 이후에 대량생산 공정으로 전환하였다.

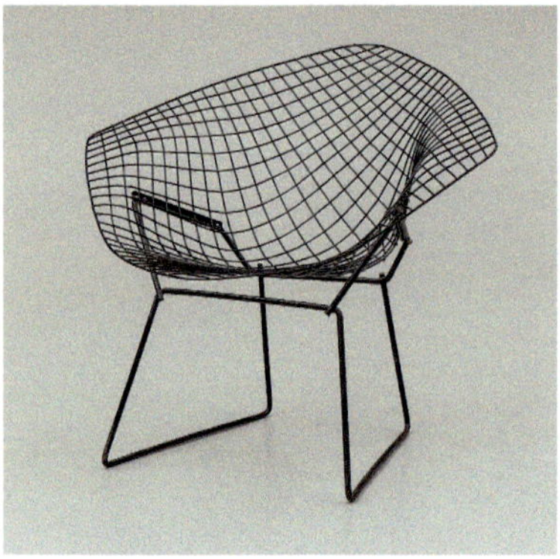

4.18 다이아몬드 의자, 해리 베르토이아, 1952년
규격: 850×730×750mm

다이아몬드 의자(그림 4.18)는 그의 이름을 붙여 베르토이아 의자라고도 부른다. 이것은 임스가 1950년에 만든 좌판과 등받이가 유리섬유로 된 안락 의자(그림 4.19)를 굵은 철사로 그물처럼 배열한 후 용접하여 만든 것이다. 임스는 베르토이아보다 1년 먼저 철사 의자(Wire Chair, 그림 4.20)를 디자인하나 베르토이아의 다이아몬드 의자가 더 유명해졌다.

4.19 안락 의자, 찰스 임스, 1950년

4.20 철사 의자, 찰스 임스, 1951년

4 브라질

현대 이전까지 브라질의 가구디자인은 세계적으로 알려진 바가 없었으나, 캄파냐 형제의 가구가 유명해지면서 주목받고 있다.

① 페르난도 캄파냐(Fernando Campana, 1961~2022년)와 훔베르토 캄파냐(Humberto Campana, 1953년~) 형제

1983년 변호사인 형 훔베르토와 건축가인 동생 페르난도가 브라질의 상파울루에 스튜디오를 설립하였다. 그들은 네덜란드의 드록디자인 그룹보다 먼저 설립되어 버려지는 재료를 사용하여 디자인하였으나, 세계적으로 유명해진 것은 파벨라(Favela: 브라질의 빈민가를 총칭)의자가 발표된 2002년부터이다.

4.21 파벨라 의자. 페르난도와 훔베르토 캄파냐. 2002년
규격: 737×668×610mm

파벨라 의자(그림 4.21)는 이탈리아 가구회사 에드라(Edra)를 위해 디자인한 것으로 목재소에서 사용하고 남은 브라질산 소나무 자투리를 모아 접착제로 붙여 만들었다. 마치 천 조각을 기어 만든 누더기 옷이나

나무판자 조각들을 붙여 만든 판자촌의 느낌이 묻어나 브라질의 빈민가를 연상케 한다.

코랄로(Corallo: 산호초) 의자(그림 4.22)도 에드라를 위해 디자인된 것이며, 손으로 철삿줄을 불규칙적으로 엮은 후 용접하고, 에폭시 페인트로 도장하였다. 용접한 부분이 날카롭지 않도록 다듬어야 하기 때문에 수작업이 요구됨에도 불구하고 대량생산되고 있다. 이것은 철사를 규칙적이게 엮은 해리 베르토이아의 다이아몬드 의자와 찰스 임스의 철사 의자와는 확연히 다르다. 즉, 규칙이 없이 자유로운 선을 구사함으로써 정면에서 볼 때는 종이에 연필로 아무렇게나 그린 그림처럼 회화적이며, 입체감을 느낄 수 없으나 실제로는 앉을 수 있다는 것이 특징이다.

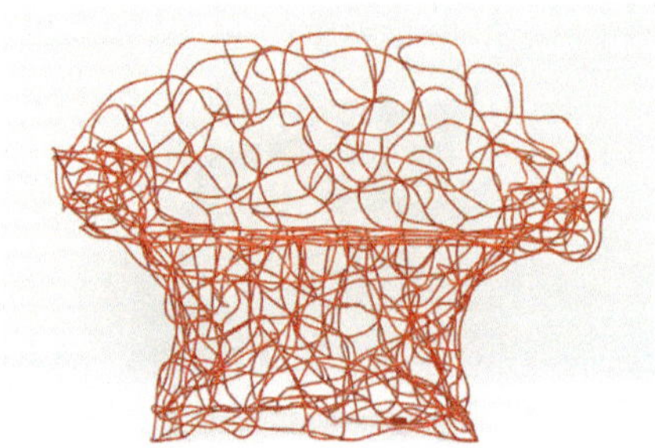

4.22 코랄로 의자. 페르난도와 훔베르트 캄파냐. 2004년
규격: 1400×900×900mm

5 스위스

근대의 르 코르뷔지에가 나타나기 전까지 스위스의 가구디자인은 이렇다 할 두각을 나타내지 않으며, 현대를 대표하는 가구디자이너에는 마리오 보타가 있다.

① 마리오 보타(Mario Botta, 1943년~ , 스위스)

멘드리지오(Mendrisio)에서 태어난 보타는 모더니즘을 대표하는 건축가이자 디자이너이다. 15세에 학교를 그만두고 제도사가 되었고, 1964년부터 베니스건축대학교에서 수학하였다. 이후 루가노(Lugano)에 있는 건축 스튜디오 카를로니 & 카메니쉬(Carloni & Camenisch)의 견습생이 되었다. 이후 보타는 밀라노의 건축가 겸 디자이너 카를로 스카르파(Carlo Scarpa)에게 지도를 받아 1887년에 전문 학위를 받았다. 베네치아에 머무는 동안 건축계의 거장 르 코르뷔지에와 루이스 이저도어 칸(Louis Isadore Kahn)과 함께 지역 프로젝트에 참여하면서 그들의 영향을 받게 된다. 스위스 로잔의 에콜폴리테크닉페데랄(École Polytechnique Fédérale)에서 객원 교수로 재직했으며, 1996년에 스위스건축아카데미(Academy of Architecture Switzerland)를 설립하였고, 현재 루가노에서 활동하고 있다.

세컨다(Seconda) 의자(그림 4.23)는 강철관으로 다리와 팔걸이 등의 틀을 제작하고, 내열성 에나멜을 도장하여 표면강도와 내구성을 강화하였다. 강철 타공판으로 좌판을 만들고, 두 개의 원통형 등받이는 폴리우레탄 폼으로 제작되었다. 원통 등받이의 크기는 등을 기대는데 충분하지 않으며, 얇은 금속라인 팔걸이엔 팔을 올려놓기 어렵다. 기하학적인 도형과 선으로 구성된 이 의자는 기능보다 미에 치중된 포스트모더니즘 가구이다.

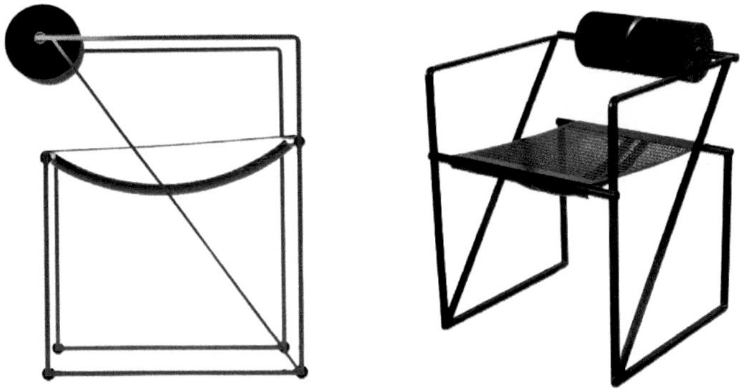

4.23 세컨다 의자, 마리오 보타, 1982년
규격: 520×590×730mm

6 스칸디나비아

스칸디나비아(Scandinavia)는 북구 유럽의 5개국인 덴마크, 노르웨이, 핀란드, 스웨덴, 아이슬란드를 묶어 일컫는다. 이 나라들은 지역적으로 가까이 있어 기후와 풍토가 비슷하고, 정치, 경제, 사회, 문화적으로도 긴밀하게 연결되어 있는 만큼 민족적 특성도 유사하다. 휴머니즘에 뿌리를 둔 기능주의를 내세우는 스칸디나비아의 디자인은 1877년 미술·공예협회를 발족하면서 세계에 소개되기 시작하였다. 제2차 세계대전 이후부터 국제적인 주목을 받게 되었으며, 수공예에 뿌리를 두고 가구, 도자기, 조명, 섬유 부문이 발달되었다.

4.24 스칸디나비아반도

스칸디나비아 가구의 특징은 원목의 자연스런 무늬결과 가볍고 경쾌한 디자인이다. 이것은 스칸디나비아반도에서 자라는 풍부한 목재가 모두 밝은 색을 띠어 가능하다. 목재 종류에는 너도밤나무, 자작나무, 유럽소나무, 떡갈나무, 서양물푸레나무 등이 있다. 즉, 목재의 자연스런 아름다움과 수공예적인 표현을 조화시킨 휴머니즘모던이라는 독특한 북구 양식의 가구들을 탄생시킨 것이다. 스칸디나비아를 대표하는 작가로는 베르너 판톤, 브루노 마트슨, 아르네 야콥슨, 알바 알토, 에로 아르니오, 한스 베그너 등이 있다.

① 베르너 판톤(Verner Panton, 1926~1998년, 덴마크)

1947년부터 4년간 코펜하겐의 왕립덴마크미술아카데미에서 건축학을 전공한 건축가이자 가구디자이너이다. 아르네 야콥슨의 건축사무소에 근무했으며, 1955년에 독자적인 사무실을 개설하였다. 스칸디나비아의 가구디자인이 원목의 나뭇결을 살린 자연주의에 있음에도 불구하고 판톤은 전혀 다른 디자인의 세계를 구축하였다. 즉, 유기적인 형태가 특징인 그의 가구들은 원색을 중심으로 다양한 칼라를 사용하여 환상적인 이미지를 추구하였다. 인간의 마음을 움직이는 가구야말로 진정한 미래가구라고 주장한 그는 1958년 '철사 콘 의자(Wire Cone Chair)'를 발표하면서 주목받게 되었다.

철사 콘 의자(그림 4.25)는 원뿔이 거꾸로 되어 있는 형태로 작은 원들이 아래서 시작하여 위로 올라가면서 점점 커진다. 마치 소리가 밑에서부터 울려 퍼지는 것 같으며, 강철 그물로 만든 베르토이아의 다이아몬드 의자와는 또 다른 구조로 투명하고 가볍다. 강철에 크롬으로 도금하여 몸통을 만들고, 십자형 발은 스테인리스 스틸로 제작하였는데, 이후에는 십자형이 아닌 원형으로 된 발을 달았다. 등방석과 좌판은 폴리우레탄 폼에 붉은 색 천으로 마감하였다.

4.25 콘 의자, 베르너 판톤, 1958년
규격: 730×640×790mm

4.26 하트 콘 체어, 베르너 판톤, 1959년
규격: 890×625×1030mm

하트 콘 체어(Heart Cone Chair, 그림 4.26)는 당시에 유행하던 팝 아트적 요소를 내포하고 있는데, 역삼각형 형태로 등받이 부분은 부드러운 곡선의 하트 모양을 하고 있다. 파이버글라스로 의자의 틀을 만들고, 몸체를 받치는 다리는 스테인리스 스틸로 제작하였다. 좌판은 폴리우레탄 폼으로 쿠션감을 주었으며, 다리를 제외한 모든 부분은 그가 가장 즐겨 사용한 빨간색으로 마감하였다.

판톤 의자(Panton Chair, 그림 4.27)는 자신의 이름을 딴 것으로 등받이부터 다리까지 한 개의 플라스틱 덩어리로 만들어졌다. 유리섬유로 강화한 폴리에스테르로 사출성형한 후 합성 폴리머 페인트로 도장하였다. 붉은색 외에도 다양한 컬러연출이 가능하며, 뒷 다리가 없는 캔틸레버의자로 가격이 저렴하다.

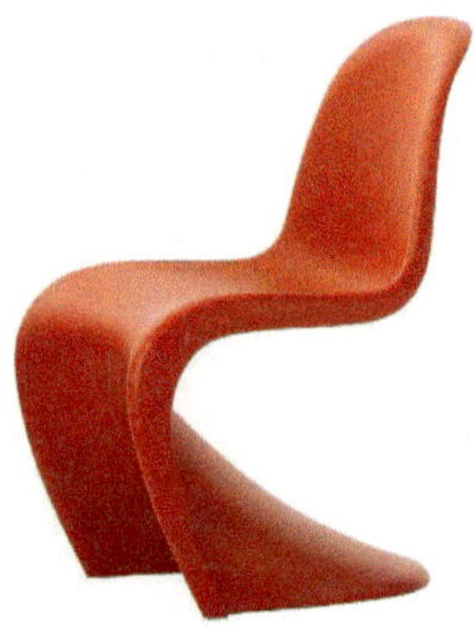

4.27 판톤 의자, 베르너 판톤, 1960년
규격: 489×603×813mm

② 브루노 마트손(Bruno Mathsson, 1907~1988년, 스웨덴)

건축가이자 가구디자이너로 성형합판을 주로 사용하였다. 아버지의 목공소에서 가구 제작에 대한 기술을 익혔으며, 1930년경에 독립하여 활동하였다. 그의 가구는 단순 간결한 모더니즘을 지향하며, 부드러운 곡선을 가미하여 우아함을 자아낸다.

에바(Eva) 의자(그림 4.28)는 팔걸이가 있는 안락의자로 기존의 의자와 전혀 다른 유기적인 디자인을 앞서 실현한 점에서 주목받게 된다. 등받이에서 좌판으로 이어지는 곡선과 팔걸이, 그리고 다리 또한 구부러진 목재로 부드러운 곡선처리가 돋보인다. 이것은 미하엘 토넷이 개발한 곡목기술을 활용한 것으로 너도밤나무로 의자의 틀을 만들고, 등받이와 좌판은 캔버스 천을 엮어 마감하였다.

4.28 에바, 브루노 마트손, 1934년
규격: 590×700×830mm

③ 아르네 야콥슨(Arne Jacobsen, 1902~1971년, 덴마크)

코펜하겐에서 태어났으며, 1927년 코펜하겐미술아카데미에서 건축을 공부했다. 덴마크를 대표하는 건축가이자 가구디자이너로 르 코르뷔지에와 미스 반 데 로에와 같은 모더니즘 작가들의 영향을 받았다.

개미 의자(Ant chair, 그림 4.29)는 덴마크의 제약 회사 노보 노르디스크(Novo Nordisk)의 카페를 위해 설계된 의자로 임스의 영향을 받았다. 좌판과 등받이는 일체형으로 합판을 금형 틀에 넣어 성형하고, 표면엔 티크 무늬목을 바른 후, 투명 래커로 도장하였다. 3개의 강철관 다리는 아래로 내려가면서 벌어져 쌓을 수 있으며, 초기에 장착된 3개의 다리는 불안정하다는 이유로 현재에는 4개의 다리가 장착되어 생산되고 있다.

4.29 개미 의자, 아르네 야콥슨, 1952년
규격: 470×520×780mm

④ 알바 알토(Alvar Aalto, 1898~1976년, 핀란드)

쿠오르타네(Kuortaneen)에서 태어났으며, 1916년부터 1921년까지 헬싱키공과대학교에서 건축을 전공하였다. 국제 모더니즘을 대표하는 건축가 및 가구디자이너로 1935년에 첫 번째 아내인 아이노 알토(Aino Alto), 마리에 굴릭센 (Marie Gullichsen), 닐스 구스타브 할(Nils-Gustav Hahl)과 함께 가구디자인 회사인 아르텍(Artek)을 설립하였다. 아르텍은 예술(Art)과 기술(Technology)을 융합한 것으로 알토의 철학이 담긴 이름이다. 1946년부터 1948년까지 미국 매사추세츠공과대학의 교수를 역임했으며, 1963년부터 1968까지 핀란드아카데미의 회장을 지냈다. 1976년에는 그의 얼굴이 새겨진 우표가 발행될 정도로 핀란드를 대표하는 디자이너로 손꼽힌다. 그의 가구는 바우하우스의 영향을 받아 대부분 대량생산이 가능하도록 설계되었으며, 가볍고 견고하며, 단순한 것이 특징이다. 또한 재료는 합판을 주로 사용했으며, 형태는 유기적인 곡선을 선호하였다.

파이미오(Paimio) 의자(그림 4.30)는 파이미오 결핵 요양소를 위한 의자로 환자들에게 금속보다 심리적으로 안정감을 주는 목재를 사용하였다. 목재는 열전도율이 낮고, 빛을 반사시키지 않아 눈부심이 없다. 또한 소리를 흡수하며, 촉감이 부드럽고, 나뭇결에서 오는 자연적인 느낌이 우수하다. 자작나무 합판을 성형한 후 래커도장을 한 이 의자는 팔걸이와 다리가 하나로 연결되었으며, 좌판과 등받이도 하나의 덩어리로 만들어져 구조 및 부품이 단순한 것이 특징이다.

4.30 파이미오 의자, 알바 알토, 1931~1932년
규격: 600×800×640mm

4.31 쌓는 스툴60, 알바 알토, 1932~1933년
규격: ø355×438mm

쌓는 스툴(Stacking Stool)60(그림 4.31)은 자작나무합판을 구부려 세 개의 다리를 만들고, 래커도장으로 마감하였다. 다리가 3개뿐이므로 4개인 스툴보다 더 많은 스툴을 나선형으로 돌아가며 쌓을 수 있다. 현재에도 대량생산되는 의자로 단순한 디자인과 편리함 그리고 저렴함까지 갖춘 실용적인 가구이다.

⑤ 에로 아르니오(Eero Aarnio, 1932년~ , 핀란드)

헬싱키에서 태어났으며, 1957년에 헬싱키산업예술대학(Helsinki Institute of Industrial Arts)을 졸업하였다. 1962년에 자신의 사무실을 설립하고, 현재까지 인테리어 및 산업디자이너로 활동하고 있다. 의자는 앉는 기능 이외에 사람들에게 판타지(fantasy)를 주어야 한다고 주장한 그는 1962년에 만든 볼 의자(Ball Chair)와 1967년에 디자인한 파스틸리(Pastilli) 흔들의자의 성공으로 1968년 미국 산업디자이너상을 수상하였다.

볼 의자(그림 4.32)는 지구본(Globe)이라고도 부르며, 1962년에 개발되었으나, 1966년 쾰른가구박람회에 소개되면서 유명해졌다. 속이 빈구의 한쪽을 잘라내어 동굴 같은 곳에 들어가 포근하게 앉아 있을 수 있도록 감싸는 구조이다. 온몸이 들어갈 정도로 크기 때문에 아늑하며, 주변의 소음도 차단되는 방음효과가 있어 개인적인 공간으로 효과적이다. 파이버글라스로 둥근 몸체를 만들고, 구의 내부에는 폴리우레탄 폼을 폴리에스테르 천으로 감싼 쿠션을 장착하였다. 다리는 알루미늄에 에나멜 도장으로 마감하였다. '방 안의 방'을 만든다는 생각으로 개발된 이것은 안쪽에 빨간색 전화까지 설치하여 사적인 공간으로써의 역할을 할 수 있도록 하였다.

4.32 볼 의자, 에로 아르니오, 1962년
규격: 1100×970×1200mm

파스틸리 흔들의자(그림 4.33)는 둥그런 공에 앉았을 때 엉덩이가 들어가는 부분이 자연스럽게 내려앉은 형태이다. 다리가 따로 부착되지 않으며, 몸통의 아랫부분이 평평하지 않아 여러 방향으로 흔들리는 흔들의자이다. 위와 아래로 나누어 두 개의 틀을 만들고, 파이버글라스로 성형 후 가운데에서 이어 붙였다. 속은 비었으며, 광택이 아름답고 다양한 색상 연출이 가능한 팝 아트 가구로 1968년 쾰른국제가구박람회에 발표되어 세계의 주목을 받았다.

4.33 파스틸리 흔들의자, 에로 아르니오, 1967년
규격: ø920×530mm

⑥ **한스 베그너**(Hans J. Wegner, 1914~2007년, 덴마크)

덴마크 톤더(Tonder)에서 태어났으며, 아버지가 운영하던 신발공방에서 기계와 공구를 다루는 법을 익히고, 형태감각을 키운 후, 가구제작소에서 소목장 교육을 받았다. 1938년부터 코펜하겐예술공예학교(Copenhagen School of Arts and Crafts)에서 공부했으며, 예술가구의 마이스터에게 교육을 받으면서 전통적인 덴마크 양식의 대표적인 가구 디자이너로 알려지게 된다. 아르네 야콥슨, 에릭 묄러(Erik Møller)와 함께 건축사무소에서 근무했으며, 1943년부터 독립적인 건축사무실을 운영하였다. 또한 1946년부터 1954년까지 코펜하겐미술학교의 교수로 재직하였으며, 그의 가구들은 실용주의에 입각한 자연을 닮은 아름다운 선을 추구하고 있다.

위시본 의자(Wishbone Chair, 그림 4.34)의 위시본은 닭고기나 오리 고기 등에서 목과 가슴 사이에 있는 V자형 뼈를 말하는데, 등받이에 이 뼈의 형상이 있어 붙여진 이름이다. 또한 알파벳 'Y'의 형상과도 유

사해 와이 의자(Y-Chair)로도 부른다. 덴마크의 가구제조업체인 칼 한센 앤 선(Carl Hansen & Son)을 위해 제작된 것으로 북유럽에서 많이 자라는 자작나무와 종이끈으로 만들어졌다. 형태적 측면에서 중국양식의 영향을 보여주고 있으며, 둥그렇게 휜 등받이는 자작나무를 스팀으로 찐 후 틀에 넣어 건조시키는 곡목기술을 사용하였다. 좌판은 갈대로 엮어 만들었던 당시의 경향과 달리 종이로 만든 노끈으로 엮어 따뜻하고 편안한 느낌을 주는 새로운 시도였으며, 수작업이 많아 스칸디나비아의 공예기술이 엿보이는 가구이다. 1950년대 북유럽 가구가 유행했던 미국에서 인기를 끌다가 1970년대에 플라스틱 가구가 등장하고, 이탈리아 가구가 인기를 누리면서 판매가 시들해졌다. 그러나 노출된 콘크리트를 활용한 미니멀 건축의 대표자 중의 하나인 일본의 건축가 안도 다다오(あんどうただお)가 1969년부터 자신의 건축물에서 이 의자를 사용한 것이 알려지면서 세계적인 인기를 끌게 된다.

4.34 위시본 의자, 한스 베그너, 1950년
규격: 550×510×750mm

7 영국

영국의 가구디자인은 근대에 앤여왕, 조지안, 치펀데일 스타일 등의 로코코 양식의 가구를 비롯해 1860년경 윌리엄 모리스의 미술공예운동까지 세계의 중심에 서 있었으며, 현대에 이르러서는 론 아라드, 재스퍼 모리슨 그리고 톰 딕슨이 그 명맥을 이어가고 있다.

① 론 아라드(Ron Arad, 1951년~, 이스라엘)

론 아라드는 텔 아비브(תֵּל אָבִיב)에서 태어나 예루살렘예술아카데미에서 공부한 후 영국 런던에서 건축을 전공한다. 1981년 캐롤라인 토먼(Caroline Thorman)과 함께 런던디자인스튜디오와 워크샵인 원-오프(One-Off)를 공동으로 창설하였다. 1989년에는 론아라드협회(Ron Arad Associates)를 설립하였으며, 1997년부터 오스트리아의 빈대학에서 디자인과 교수를 역임했다. 현재는 런던왕립예술대학의 제품디자인과 교수로 재직하고 있다.

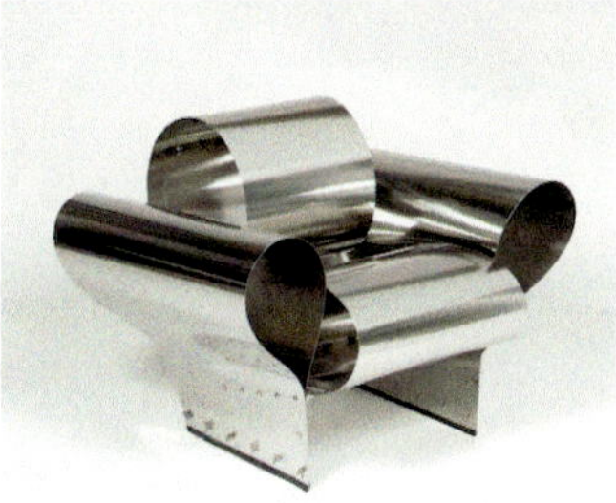

4.35 잘 달련된, 론 아라드, 1986년
규격: 940×840×760mm

'잘 단련된(Well Tempered)'이라는 제목의 이 안락의자(그림 4.35)는 1mm의 스테인리스 스틸을 레이져 커팅기로 재단하고, 등받이, 팔걸이, 좌판을 나사로 조립하였다. 얇은 판에 의한 팔걸이나 등받이 모서리의 날카로움으로 일상생활에서 사용하는 데는 불편하나, 스테인리스 스틸의 특성인 탄성을 잘 표현했다는 점에서 주목을 받았다.

4.36 속세의 고리, 론 아라드, 1993년
규격: 2120×330×2285mm

'속세의 고리(This Mortal Coil)'라는 책장(그림 4.36)은 초기에 담금질한 강철로 만들었으나, 무겁다는 단점 때문에 이후에는 플라스틱으로 수정하였다. 코일을 조이거나 운송 또는 보관을 위해 크기를 줄일 수 있으며, 칸막이의 길이는 다양하게 조절할 수 있다. 기존의 일반적인 사각형의 책장에서 벗어난 유기적인 곡선으로 모더니즘시대의 책장보다 수납의 용량은 작아졌다. 그러나 감성을 자극하는 포스트모더니즘의 특성을 잘 표현한 책장으로 이후에는 점차 벽면에 설치하는 책장으로 발전된다.

② 재스퍼 모리슨(Jasper Morrison, 1959년~, 영국)

런던에서 태어난 모리슨은 1982년 킹스턴폴리테크닉디자인스쿨(Kingston Polytechnic Design School)에서 디자인을 전공하였다. 독일의 베를린예술대학에서 박사과정을 수료하고, 1985년에 영국의 왕립미술학교를 졸업하였다. 1986년 디자인 스튜디오를 설립했으며, 현재까지 세계적인 기업을 위한 제품디자인을 선보이고 있다. 모리슨의 가구는 정결하고 단순하며, 절제미를 추구하고, 동양적인 간결한 여백의 미를 살린 젠 스타일(Zen style) 가구들을 제작하였다. 젠은 일본식 불교 또는 선종을 뜻하는 단어로 젠 스타일은 불교의 사상에 영향을 받아 자연을 내려다보지 않고, 동등함을 추구함으로써 입식보다는 좌식에 근거하여 가구의 높이가 낮은 것이 특징이다. 또한 실용적이고, 단순하며, 자연 친화적이다.

4.37 합판의자, 재스퍼 모리슨, 1989년
규격: 394×465×840mm

합판의자(Ply-Chair, 그림 4.37)는 1988년 독일에서 열린 베를린 디자인스튜디오(Designwerkstatt Berlin)에 참여하면서 제작된 것이다. 이후 스위스의 가구회사인 비트라(Vitra)에서 생산을 시작하였다. 10개의 합판과 금속나사로 만들어진 이것은 두 개의 거꾸로 된 L자형의 앞다리가 뒷다리에 직접 나사로 고정된다. 뒷다리는 밑에서 가늘게 시작되어 위로 넓어지고 좌판을 향해 안쪽으로 약간 아치형으로 된 다음, 등을 따라 다시 바깥쪽으로 나오면서 양쪽 끝이 맨 밑의 다리처럼 다시 가늘어진다. 의자 윗부분의 좌·우 뒷다리를 이어주는 가로대는 등받이 기능을 충분히 하지 못하지만, 의자 앞부분에서 시작된 직선이 뒤에서 간결한 곡선으로 마무리 되는데 큰 역할을 한다. 합판으로 된 좌판은 자작나무 무늬목으로 마감하였으며, 보이지 않는 좌판 밑의 각목과 연결되고, 이것은 다시 좌판의 네 측면에서 나사로 고정된다.

③ 톰 딕슨(Tom Dixon, 1959년~, 영국)

톰 딕슨은 클럽에서 기타리스트로 활동했으며, 디자인 정규과정을 거치지 않은 디자이너이다. 오토바이를 좋아하던 그는 오토바이를 수리하면서 금속의 용접에 대한 기술을 습득하며, 이것을 통해 버려지는 고철로 가구를 만들었다. 1985년 디자이너 닉 존스(Nick Jones), 그리고 마크 브래지어 존스(Mark Brazier-Jones)와 함께 재활용 소재를 사용해 가구 및 장식용 물건을 생산하는 그룹인 크리에이티브 살베지(Creative Salvage: 창조적 구조)를 결성하였다. 1987년에 디자인한 S의자로 유명해지면서 가구판매업체인 하비타트(Habitat)의 디자인 스튜디오 책임자로 근무하게 된다.

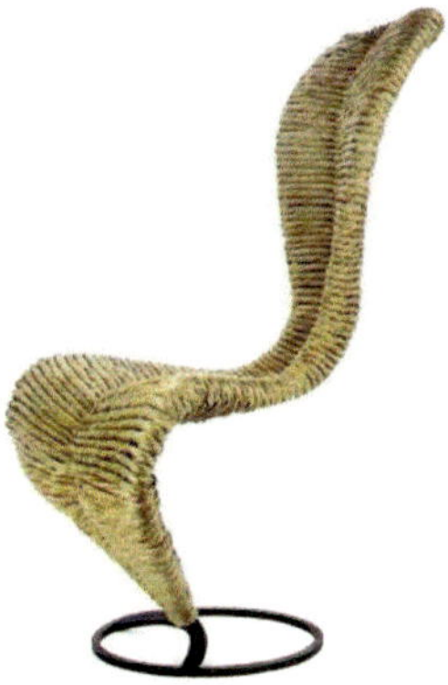

4.38 S의자, 톰 딕슨, 1987년
규격: 510×600×1025mm

S의자(그림 4.38)는 형태가 'S'자로 휘어져 붙여진 이름으로 강철을 용접하여 뼈대를 만들었으며, 뒷다리가 없는 캔틸레버 의자이다. 그 위에 짚이나 골풀을 손으로 일일이 감아서 완성하기 때문에 장인이 하루에 5시간 정도 작업해야 한다. 나뭇잎과 같이 하늘거리는 등받이와 장식 없는 단순한 형태, 그리고 물 흐르는 듯한 부드러운 곡선이 아름답다.

8 오스트레일리아

현대 이전까지 오스트레일리아의 가구디자인은 잘 알려진 것이 없으며, 현대에 이르러 마크 뉴슨으로 인해 주목받고 있다.

① 마크 뉴슨(Marc Newson, 1963년~, 오스트레일리아)

시드니에서 태어난 뉴슨은 시드니예술대학(Sydney College of Art)에서 보석과 조각을 전공하였으며, 이러한 경력이 그의 가구나 제품디자인에서 공예적인 맛을 느낄 수 있는 바탕이 되었다. 1992년 프랑스 파리에 스튜디오를 설립하고, 1997년에는 영국으로 이주해 런던에 마크뉴슨회사(Marc Newson Ltd)를 설립하였다. 전통에 구애되지 않는 신소재 및 신기술을 활용하여 독특한 그만의 세계를 구축하였으며, 2014년부터는 애플 디자인팀에서 디자이너로 일하고 있다.

다리가 3개 달린 미지의 동물과 같은 형상으로 공상 과학을 떠올리게 하는 안락의자 록히드 라운지(Lockheed Lounge LC2, 그림 4.39)는 1992년 미국 가수 마돈나의 비(Rain) 뮤직비디오에 소개되면서 유명해졌다. 파이버글라스를 녹여 만든 골격에 표면은 알루미늄 조각을 못으로 박아 고정하였다. 속이 비었기 때문에 총무게는 20kg으로 가벼우며, 발끝에는 미끄러지지 않도록 검정색의 고무를 씌웠다. 보석과 조각을 전공한 뉴슨의 수공예기술이 돋보인 가구로 대량생산은 어려우나 하이테크(hightech) 구성주의를 느낄 수 있는 역동적인 형태로 세계적인 호응을 얻었다.

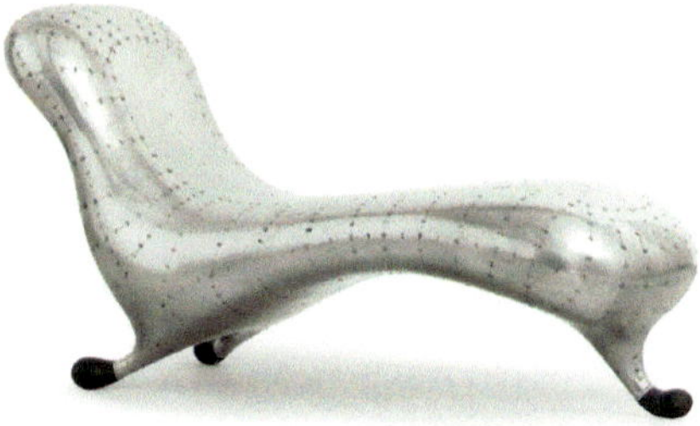

4.39 록히드 라운지, 마크 뉴슨, 1988년
규격: 635×1524×889mm

9 이탈리아

이탈리아에서는 1950년대 말경 전쟁 직후의 풍요함 속에서 제도화되고 체계화된 당시의 '굿 디자인(good design)'에 반대하는 급진적인 디자인 저항운동이 일어나기 시작했다. 이 운동은 구에리에로(A.Guerriero)와 그레고리(G. Gregori)가 밀라노에 만든 스튜디오 알키미아(Studio Alchimia: 연금술)가 중심이 되었다. 1979년에 설립된 알키미아는 휴머니즘을 내세워 자유롭고 새로운 것을 위하여 장식과 색채가 필요하다고 주장하였다. 이들의 실험적이고 전위적인 작품 전시는 산업과 거리가 멀었으므로 가구업체들의 호응을 얻지 못했다. 에토레 소트사스는 이러한 알키미아에 반대하면서, 디자인은 최종적으로 상품으로 발전되지 않으면 무의미하다고 주장하였다.

따라서 그는 알키미아를 탈퇴하며, 1981년 9월에 세계디자이너 49명이 모여 밀라노 작품전시회를 개최하면서 결성된 멤피스(Memphis) 그룹의 주축이 된다. 멤피스 디자인의 특징은 화려한 색상, 장식성이 강한 형태, 라미네이트 플라스틱(Laminate Plastics), 프린트 글라스 등과 같은 새로운 재료의 사용에 있다. 특히 라미네이트는 플라스틱 필름을 재료의 표면에 접착하는 기술로 멤피스 그룹이 가구에 사용하면서 획기적인 일로 기록되었다. 당시에는 창고나 상점의 벽면에 사용되었던 재료로 가구에는 사용되지 않았기 때문이다. 이것은 합판, MDF, PB(Particle Board) 등의 가구 제작용 백골판재 위에 미적 효과와 표면을 보호하기 위해 제작된 얇고 단단한 수지계열 판으로 다양한 패턴을 프린트하여 사용하였다.

상업주의에 반발해 휴머니즘을 주장한 멤피스 그룹의 전시회가 세계적인 이목을 끌면서 이탈리아는 세계 가구디자인의 중심이 되어 현재까지 이어지고 있다. 이탈리아를 대표하는 디자이너로는 데파스 더비노 로마치 스콜라리, 미켈레 데 루키, 스튜디오65, 카스틸리오니 형제, 알레산드로 멘디니, 에토레 소트사스, 조 콜롬보, 지안카를로 피레티, 지오 폰티, 프란체스코 빈파레, 피에로 가티가 있다.

① 데파스 더비노 로마치 스콜라리
(De Pas D'urbino Lomazzi & Scolari, 1966년, 이탈리아)

4명의 디자이너 조나단 데 파스(Jonathan De Pas), 도나토 두르비노(Donato D'Urbino), 파올로 로마치(Paolo Lomazzi), 스콜라리(Scolari)가 밀라노에 모여 DDL스튜디오로 알려진 데파스 더비노 로마치 스콜라리 사무실을 설립하였다. 이들은 주로 건축과 도시계획 그리고 공업디자인을 전문으로 일하고 있다.

블로우 안락의자(Blow Armchair, 그림 4.40)는 폴리염화비닐(PVC: Polyvinyl Chloride)를 초음파로 용접한 후 등받이 중앙과 좌판 아래에 있는 밸브를 통해 공기를 불어 넣어 만들었다. 이 그룹이 디자인한 가구 중 가장 유명한 것이며, 1926년에 아르데코의 대표작가 아일린 그레이가 디자인한 비벤덤 안락의자와 유사한 형태이다. 당시의 팝 아트적 요소를 내포하고 있으며, 이와 유사한 투명가구가 대거 등장하면서 투명한 가구장르가 만들어졌다. 대량생산되었으며, 운반이 용이하고, 사용하지 않을 때는 공기를 뺄 수 있어 보관에도 공간을 차지하지 않는 장점이 있다.

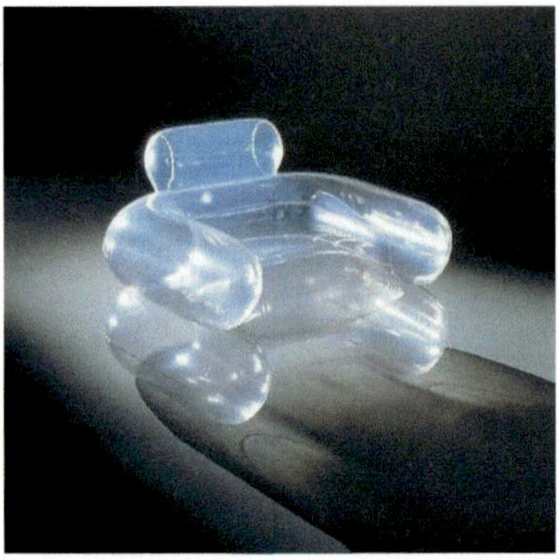

4.40 블로우 안락의자, 데파스 더비노 로마치 스콜라리, 1967년
규격: 980×960×840mm

조(Joe, 그림 4.41)는 뉴욕 양키스 야구스타 조 디마지오(Joe DiMaggio)에게서 영감을 받아 만들었으며, 일본의 오사카에서 열린 '엑스포70'에 출품하였다. 금속으로 틀을 만들고 폴리우레탄 폼을 얹은 후 가죽으로 마감하였다. 140개의 구멍을 뚫어 가죽 끈으로 연결하고, 바닥에는 4개의 바퀴가 있어 이동이 용이하다. 1964년 베니스비엔날레에서 처음으로 알려진 미국 팝 아트의 영향을 받았으며, 현재에도 다양한 색상으로 생산되고 있다.

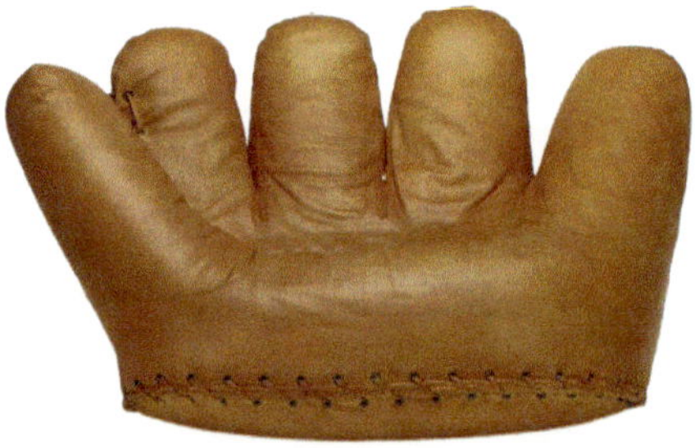

4.41 조, 데파스 더비노 로마치 스콜라리, 1970년
규격: 1160×1700×860mm

② 미켈레 데 루키(Michele De Lucchi, 1951년~, 이탈리아)

디자이너이자 건축가인 루키는 페라라(Ferrara)에서 태어났다. 1975년 피렌체대학에서 건축학위를 받고, 그 곳에서 1977년까지 조교수로 근무하였다. 알키미아 결성에 기여하였으며, 1979년부터 올리베티(Olivetti)의 고문을 맡으면서 소트사스와 함께 일하게 된다. 1981년에 결성된 멤피스 그룹의 공동 창립자이며, 2008년부터 현재까지 밀라노공과대학의 디자인학부 교수로 재직하고 있다.

퍼스트 의자(First Chair, 그림 4.42)는 포스트모더니즘의 대표적인 가구로써 의의가 있다. 마치 우주에 떠있는 행성의 무리를 떠올리게 하는 형태로 좌우에 있는 검정색의 구는 너무 작아 팔걸이 역할을 하지 못한다. 또한 파란색의 원형 등받이는 고무로 연결되어 있어 등을 기대는 자세에 따라 각도가 조절되기는 하나, 등을 받치기에는 기능이 충분하지 않다. 다리를 비롯한 의자의 틀은 강철에 도장을 했으며, 그 외 다른 부분은 목재에 컬러도장과 옻칠로 마감하였다.

4.42 퍼스트 의자, 미켈레 데 루키, 1983년
규격: 670×450×900mm

③ 스튜디오65(Studio 65, 1965년, 이탈리아)

건축가 프랑코 오드리토(Franco Audrito)가 토리노(Torino)에 설립했으며, 건축, 인테리어 그리고 디자인을 전문으로 하는 스튜디오이다. 1970년에 전통에 반항하고, 대중의 취향에 맞서는 디자인을 추구한 컬트 오브제(Cult Objet)로 관능적인 보카(Bocca: 입술)소파를 제작하면서 유명해졌다.

4.43 보카, 스튜디오65, 1970년
규격: 2000×740×840mm

4.44 메이 웨스트의 방(Mae West Room), 살바도르 달리, 1936년

이 소파(그림 4.43)는 두 개의 이름을 가지고 있는데, 보카는 소파회사 구프람(Gufram)을 위해 디자인되어 회사에서 지은 이름이다. 또한 마릴린 소파(Marilyn Sofa)는 1970년대부터 1980년대까지 뉴욕에 본사를 둔 미국 구프람의 수입업자였던 찰스 스텐딕(Charles Stendig)의 아내인 엘레노어 스텐딕(Eleanor Stendig)이 붙인 상업적인 이름이다. 1930년대 유명한 여배우 메이 웨스트(Mae West)의 입술을 모티브로 1936년에 살바도르 달리가 만든 작품 메이 웨스트의 방(그림 4.44)의 소파에서 영감을 받아 제작되었다. 초현실주의와 1970년대 팝 디자인에서 영향을 받은 이것은 1970년대 후반부터 유행하게 되는 리디자인(redesign)의 시초라 할 수 있다. 성형 틀에 넣어 찍어낸 하나의 덩어리로 된 폴리우레

탄 폼에 빨간색의 신축성 있는 나일론으로 마감하였다. 뒷면에 지퍼가 있으며, 실외에서도 사용이 가능하다.

④ 아킬레 카스틸리오니(Achille Castiglioni, 1918~2002년, 이탈리아), 피에르 지아코모 카스틸리오니(Pier Giacomo Castiglioni, 1913~1968년) 형제

카스틸리오니 형제는 밀라노에서 태어났으며, 형제 모두 밀라노폴리텍대학에서 건축을 전공하였다. 1936년 건축가인 아버지로부터 작업실을 물려받은 큰 형 리비오(Livio)가 1944년에 아킬레를 합류시키면서 3형제의 스튜디오 카스틸리오니가 설립된다.

4.45 메자드로, 스튜디오 카스틸리오니, 1957년
규격: 495×514×514mm

메자드로(Mezzadro, 그림4.45)는 화가 마르셀 뒤샹이나 피카소가 선보였던 이미 존재하는 것을 조합하여 새로운 것을 만들어내는 레디메이드(ready-made) 방식으로 만들었다. 당시의 팝 아트적 요소가 짙게 묻어나는 이 스툴은 기존에 생산된 트랙터의 좌판에 빨간색 에나멜 도장을 하였다. 여기에 크롬 도금한 휘어진 강철다리가 날개 달린 자전거 제동나사에 의해 조립되고, 강철다리는 너도밤나무 지지대에 'T'자로 연결되어 안정감을 준다. 이것은 한 쪽만 고정되고 다른 한 쪽은 받쳐지지 않는 캔틸레버 의자이다. 또한 20세기 전반기의 디자인이 기능주의에 치우친 것에 대한 반항으로 지나치게 아방가르드(Avant-Garde)하다는 평가를 받았다. 아방가르드는 20세기 초에 유럽에서 일어난 다다이즘, 입체파, 미래파, 초현실주의를 통틀어 이르는 말로 프랑스와 독일을 중심으로 등장하였다. 이 의자는 발표된 지 13년이 지난 1970년에야 비로소 생산되었다.

⑤ 알레산드로 멘디니(Alessandro Mendini, 1931~2019년, 이탈리아)

이탈리아를 대표하는 디자이너이자 건축가인 멘디니는 밀라노폴리텍대학에서 공부했다. 또한 1970년부터 1976년까지 잡지사 편집일을 하였으며, 1976년의 알키미아 창립에도 참여한다. 1980년부터 1985년까지는 잡지 도무스(Domus)의 제작을 맡았으며, 1983년부터 오스트리아 빈응용예술전문학교에서 디자인을 가르쳤다.

프루스트 안락의자(Poltrona di Proust, 그림 4.46)는 목재와 천으로 된 안락의자에 그림을 그린 것으로 알키미아를 위한 재디자인 시리즈의 하나이다. 18세기 프랑스에서 유행했던 바로크 양식을 재디자인한 것으로 화려하고 다양한 색상이 특징이다. 제작할 당시에 프랑스 소설가 마르셀 프루스트(Marcel Proust)의 『잃어버린 시간을 찾아서』라는 책을 읽고 감명받아 제작되었다고 한다. 생애를 표현하는데 알맞은 천의 견본을 위하여 고심하던 끝에 나온 아이디어라고 하며, 19세기 후반

프랑스를 중심으로 일어난 인상파의 점묘화를 보는 듯한 화려함과 다양한 색상이 특징이다.

4.46 프루스트 안락의자, 알레산드로 멘디니, 1978년
규격: 1080×1016×1016mm

⑥ 에토레 소트사스(Ettore Sottsass, 1917~2007년, 오스트리아)

오스트리아의 인스부르크(Innsbruck)에서 태어난 소트사스는 이탈리아 밀라노의 폴리텍대학에서 건축을 전공한다. 전쟁포로 생활과 여행으로부터 얻은 질병으로 인한 요양원 생활 등은 그의 예술에 대한 내면을 강화하는 계기가 된다. 1946년 밀라노에 사무실을 오픈하고, 세라믹 제품은 물론 타자기, 각종 가구들을 디자인하면서 많은 상을 수상하였다. 1970년대 말 그룹 알키미아 설립에 참여하며, 멤피스 그룹의 창립 멤버가 된다.

칼튼(Carlton, 그림 4.47)은 1981년 멤피스 그룹의 첫 번째 프로그램을 위해 만들어진 장식장이다. 플라스틱 라미네이트를 사용해 만들어졌으며, 많은 책이나 장식품을 수용할 수 있는 기존의 수직과 수평의 반듯하고 폐쇄적인 책장과 달리 개방적이고, 자유로운 형태로 물건을 적게 수납하는 대신 장식적인 효과가 큰 것이 특징이다. 바닥의 받침은 대리석처럼 보이도록 인쇄된 라미네이트를 사용하였으며, 원색과 파스텔톤의 색상이 어우러져 화려한 느낌이다.

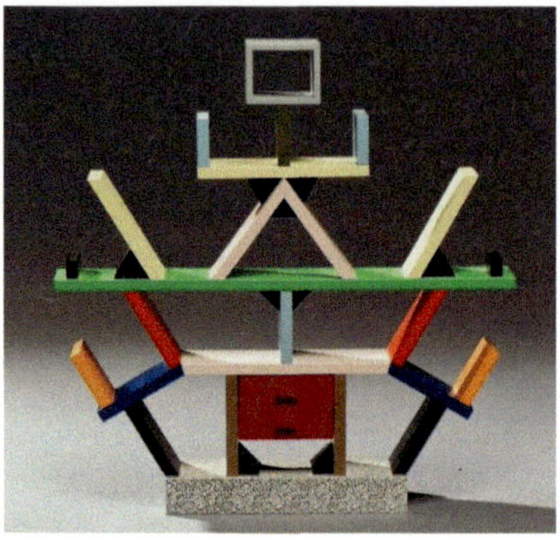

4.47 칼튼, 에토레 소트사스, 1981년
규격: 1900×400×1950mm

⑦ 조 콜롬보(Joe Colombo, 1930~1971년, 이탈리아)

조 콜롬보는 밀라노에서 태어났으며, 브레아(Brera)미술아카데미에서 조각과 회화를 공부하였다. 20대 중반에는 밀라노공과대학에서 건축을 전공하였고, 1961년에 디자인사무실을 설립하였다. 인테리어와 가구디자인 분야에 많은 업적을 남겼으나, 안타깝게도 41세에 사망하였다.

콜롬보 체어(Colombo Chair, 그림 4.48)는 1965년부터 1967년에 걸쳐 개발된 세디아 유니버설(Sedia Universale)의 사전 제작 모델이다. ABS 플라스틱을 성형하여 만들었으며, 쌓을 수 있다. ABS(Acrylonitrile Butadiene Styrene)는 열가소성플라스틱의 한 종류로 광택과 외관이 우수하고, 가공성이 좋다. 또한 착색도 용이하고, 내충격 강도가 우수해 쉽게 손상되지 않아 가구 제작에 많이 사용되는 재료이다. 다리 중간이 두 부분으로 나눠져 있어 아래 다리를 분해하면 어린이 의자로 사용할 수 있는 낮은 높이가 된다. 다리를 조립할 때는 별도의 나사 없이 끼워 넣으며, 다리와 지면이 닿는 부분에는 고무 굽을 끼워 마찰에 의한 파손이나 소음을 방지하였다. 의자의 무게는 3.3kg으로 가벼우며, 콜롬보는 이 의자로 1970년에 황금콤파스상을 수상하였다.

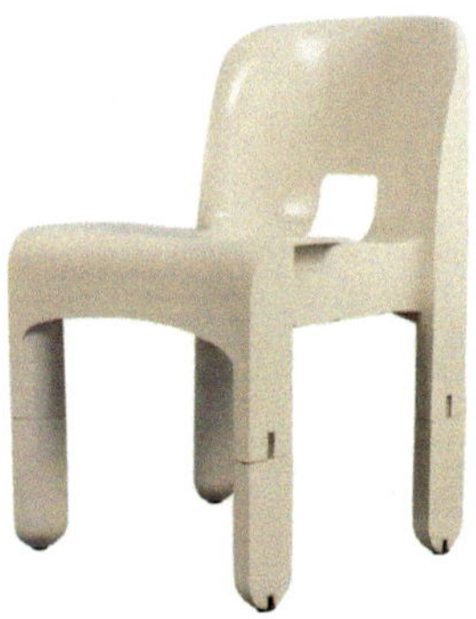

4.48 콜롬보 체어, 조 콜롬보, 1965~1967년
규격: 445×457×723mm

⑧ 지안카를로 피레티(Giancarlo Piretti, 1940년~ , 이탈리아)

지안카를로 피레티는 볼로냐(Bologna)에서 태어났으며, 볼로냐 미술아카데미에서 예술교육을 전공하였다. 학업을 마친 후 카스텔리(Castelli)사에 디자이너로 입사하며, 1963년부터 1970년까지 모교인 볼로냐미술아카데미에서 강의하였다. 1967년에 플리아(Plia)를 밀라노박람회에 발표하면서 세계적으로 유명해졌다.

플리아(그림 4.49)는 두 개의 크롬 도금한 관형 강철 프레임으로 된 다리와 투명 ABS 플라스틱으로 된 좌판 및 등받이로 구성된다. 가볍고 저렴한 이 의자는 단 5cm 두께로 접을 수 있는 혁신적인 디자인으로 접거나 펼쳐서도 쌓을 수 있어 적재와 운반이 용이하다. 이 의자의 중요한 기술은 3개의 알루미늄 원판으로 된 경첩에 의해 가능하며, 이것은 당시에 획기적인 기술로 많은 상을 받았다.

4.49 플리아, 지안카를로 피레티, 1967년
규격: 467×432×762mm

⑨ 지오 폰티(Gio Ponti, 1891~1979년, 이탈리아)

밀라노에서 태어났으며, 밀라노폴리텍대학에서 건축학을 공부한 건축가이자 디자이너이다. 이탈리아의 구상미술 회복을 주장하는 미술가 집단인 노베첸토(Novecento) 그룹 Il 라비린또(Labirinto)의 공동 창립자로 1920년대에는 도자기 제조업체 리차드 지노리(Richard Ginori)의 예술 감독을 맡았다. 1928년 도무스 잡지의 창립 편집자였으며, 1957년에 설계하고, 1965년에 만들어진 슈퍼레게라(Superleggera: 빛 너머)가 그의 가구 중 가장 유명하다.

이탈리아의 공예 전통에 대한 현대적인 해석으로 널리 알려진 슈퍼레게라(그림 4.50)는 짚으로 짠 의자와 리구리아(Liguria) 마을의 키아바리(Chiavari) 의자(그림 4.51)라고 불리는 1950년대 의자에서 영감을 받아 재해석한 것이다. 무게는 1.7kg로 손가락으로 들 수 있을 만큼 가벼우며, 다리는 최대 직경이 18mm에 불과한 삼각형 단면을 가지고 있다. 물푸레나무로 틀을 만들고, 좌판은 등나무 줄기로 좌판 틀을 감싸며 능직으로 짜여졌으며, 투명 바니시로 마감하였다.

4.50 슈퍼레게라, 지오폰티, 1957년(설계), 1965년(제조)
규격: 400×450×830mm

4.51 키아바리 의자, 1950년대

⑩ 프란체스코 빈파레(Francesco Binfare, 1939년~ , 이탈리아)

밀라노에서 태어난 빈파레는 화가이자 가구디자이너로 아버지에게 예술교육을 받았고, 1960년부터 카시나에서 신기술 연구원으로 근무하였다. 또한 1969년부터 1978까지 센트로 카시나(Centro Cassina)에서 일했다.

에드라(Edra)사에서 생산되는 플랩(Flap)소파(그림 4.52)는 등받이가 9개로 나눠져 있으며, 각도가 6단계로 조절되는 것이 특징이다. 따라서 원하는 대로 형태변형이 가능하여 등받이 기능을 비롯해 팔걸이, 머리받침, 의자, 발받침 등으로도 사용할 수 있다. 이것은 128개의 금속 부품과 16개의 독특한 경첩으로 가능하며, 가벼운 포플러(poplar) 합판 프레임은 184개의 폴리우레탄 패딩으로 덮여 있다. 이 모든 내장재가 140mm 두께의 방석 안에서 정리되며, 표면은 가죽과 천으로 마무리된다. 모든 것이 수작업으로 조립되는 이 소파는 기술이 얼마만큼 디자인에 영향을 줄 수 있는 지를 보여주는 사례라고 할 수 있다.

4.52 플랩소파, 프란체스코 빈파레, 2000년
규격: 3550×1660×840(좌판높이 340)mm

⑪ 피에로 가티(Piero Gatti, 1940~2017년, 이탈리아)

1965년 이탈리아 디자이너인 피에로 가티, 체사레 파올리니(Cesare Paolini, 1937~1983년), 프랑코 테오도로(Franco Teodoro, 1939~2005년)가 이탈리아 토리노에 스튜디오를 설립하여 건축, 그래픽 및 산업 디자인 제품을 함께 디자인하였다.

사코(Sacco: 주머니, 그림4.53)는 빈백(Bean Bag: 콩자루)의자로 위 3명이 공동으로 디자인한 것으로 농민들이 침대 매트리스 속에 넣었던 밤나무 잎이나 몸에 맞게 형태가 변하는 구슬과 공에서 아이디어를 얻었다. 개발 초기에 자루에 넣었던 재료는 너무 비싸거나 무거웠기 때문에 방음 및 방열을 위해 건축에 사용되는 폴리스티렌(polystyrene)으로 대체하였으며, 자루는 가죽이나 천으로 만들었다. 폴리스티렌은 가벼우면서도 외부의 충격에 쉽게 파손되지 않으며, 독성이 없고 저렴하다. 사용자의 자세에 따라 의자의 모양이 변하여 휴식을 취할 때 편안하며, 가볍기 때문에 이동도 용이하다. 이 의자가 완성된 후 가티와 동료들은 이것을 원하는 사람이 없을 것이라고 생각했으나, 예상과 달리 큰 호응을 얻으면서 유사한 제품이 쏟아져 나와 빈백장르의 대표적인 의자가 되었다.

4.53 사코, 피에로 가티, 체사레 파올리니, 프랑코 테오 도로, 1968년
규격: 680×680×630mm

10 캐나다

현대 이전의 캐나다 가구디자인은 알려진 것이 없으나, 카림 라쉬드의 활약으로 이목이 집중되고 있다.

① 카림 라쉬드(Karim Rashid, 1960년~, 이집트)

이집트의 카이로(Cairo)에서 태어난 라쉬드는 캐나다로 이주해 어린 시절을 보냈으며, 칼턴대학(Carleton University)에서 산업디자인을 전공하였다. 1982년 졸업 후 밀라노의 로돌포보네또(Rodolfo Bonetto) 스튜디오에서 공부하기 위해 이탈리아로 이주했으며, 에토레 소트사스, 로돌포 보네또, 알레산드로 멘디니 밑에서 일을 배웠다. 1992년에 자신의 회사를 미국 뉴욕에 창립하고, 2017년에는 건축가 알렉스 휴즈(Alex Hughes)와 팀을 이루어 커브아키텍쳐(Kurv Architecture)라는 건축회사를 설립하여 주방용품 및 액세서리 라인도 갖추게 된다. 그의 제품들은 단순한 형태이며, 핫 핑크를 중심으로 강렬한 색 대비를 통해 화려한 것이 특징이다. 2020년에는 미국디자인상을 수상하였다.

스냅(Snap) 의자(그림 4.54)는 벨기에 가구 브랜드 피크(Feek)를 위한 것으로 핫 핑크, 오렌지, 레드, 실버, 블랙 및 화이트를 포함한 다양한 색상으로 생산되고 있다. 5%의 폴리프로필렌(polypropylene)과 95%의 공기로 된 발포 폴리프로필렌으로 만들어 가볍다. 재활용이 가능하며, 충격을 잘 흡수하고, 내구성이 강하다. 좌판과 등받이가 한 몸으로 된 시트는 고광택 크롬 도금된 금속 틀에 끼워져 사용하며, 소비자가 원하는 시트로 탈부착이 가능하다. 또한 시트가 두 개로 나누어져 있어 좌우를 다른 색상으로 조립할 수 있는 것이 특징이다.

4.54 스냅(Snap) 의자, 카림라쉬드, 2016년

11 폴란드

폴란드의 가구디자인은 잘 알려지지 않았으며, 현대에 들어와 플롭 스툴로 유명해진 젊은 디자이너 오스카 지엥타로 인해 주목받고 있다.

① 오스카 지엥타(Oskar Zieta, 1975년~ , 폴란드)

건축가이자 디자이너인 지엥타는 스위스 취리히에 있는 취리히연방공과대학(Eidgenössische Technische Hochschule Zürich)을 졸업하고, 모교의 CAAD(Computer Aided Architectural Design)부서의 연구조교로 근무하였다. 지엥타 프로제스디자인(Zieta Prozessdesign)을 설립하고, 2008년 자동차 제조기술을 접목한 플롭 스툴(Plopp Stool)을 디자인하면서 유명해졌다.

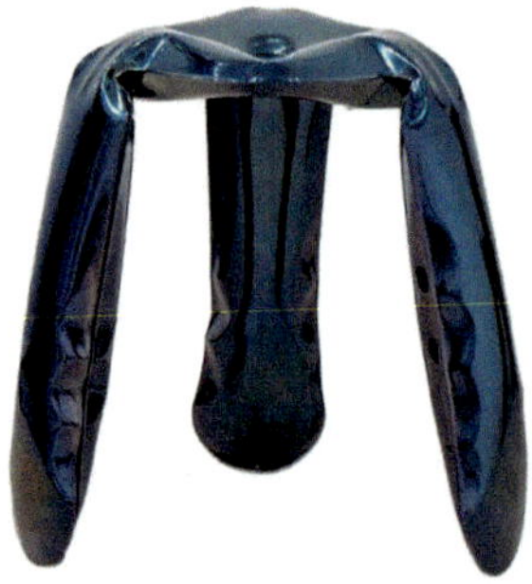

4.55 플롭 스툴, 오스카 지엥타, 2008년
규격: 350×350×500mm

플롭 스툴(그림 4. 55)은 덴마크 가구회사 헤이(Hay)를 위해 디자인한 것으로 하이드로포밍(hydroforming)기술로 만들어졌다. 이 기술은 두 개의 초박형 강판의 모서리를 돌아가며 용접한 후 고압에서 팽창시켜 입체로 변화시키는 것이다. 부풀려진 물체는 스툴의 기능을 위해 3개의 다리를 아래로 구부리면 마치 공기가 들어간 풍선 의자처럼 보인다. 낮은 생산 비용으로 대량생산에 용이하며, 가볍고 내구성이 강하다. 구겨진 금속좌판으로 딱딱하여 오래 앉으면 불편하지만, 새로운 기술을 접목한 복고풍의 디자인으로 주목받고 있다. 이 스툴은 2008년 레드닷 디자인상(Red Dot Design Award)을 비롯해 독일디자인위원회상과 2009년 포름 AID(Forum AID Award)상을 수상하였다.

12 프랑스

근대에 바로크와 로코코 양식을 주도한 프랑스는 1890년대 아르누보의 중심지이기도 했다. 현대에 들어서는 장 프루베, 피에르 폴린, 필립 패트릭 스탁을 중심으로 그 명맥을 유지하고 있다.

① 장 프루베(Jean Prouve, 1910~1984년, 프랑스)

낭시(Nancy)에서 태어났으며, 아르누보에콜드낭시(Art Nouveau École de Nancy)의 일원인 아버지 빅토르 프루베(Victor Prouvé)로부터 금속 세공, 조각, 직조 등의 예술교육을 받았다. 건축가이자 디자이너인 그는 1947년에 장 프루베아틀리에 (Jean Prouvé Atelier)를 설립하였으며, 스테인리스 스틸, 알루미늄, 강철과 같은 금속을 사용한 디자인을 주로 하였다. 이러한 금속기술을 융합하여 장식을 최소화하고 기능적이며, 실용주의적인 가구들을 개발하였다.

카페테리아용으로 만들어진 표준 의자(Standard Chair, 그림 4.56)는 아름다움과 기능을 겸비한 합리성의 표준을 보여주는 의자로 금속다리는 컬러도장 하였다. 너도밤나무합판을 틀에 넣어 성형하여 좌판과 등받이를 만들고, 호두나무 무늬목으로 마감하였다. 금속다리 아래는 고무를 대었으며, 인체의 하중이 집중되는 뒷다리를 삼각형 구조로 만든 것이 특징이다. 이후에 금속으로 된 삼각형의 뒷다리가 목재로 된 모델로 만들어지면서 디자인이 다양해진다.

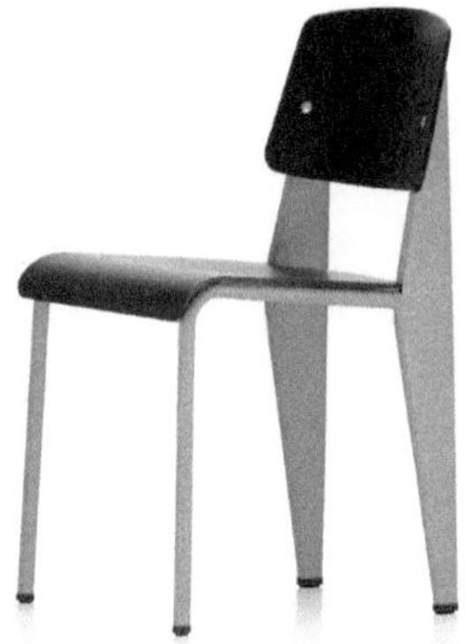

4.56 표준 의자, 장 프루베, 1934년
규격: 420×490×820mm

② 피에르 폴린(Pierre Paulin, 1927~2009년, 프랑스)

파리에서 태어난 그는 1950년대 초에 파리의 에콜카몽도(Ecole CAMONDO)에서 조각과 점토 모델링을 공부하였다. 1970년 엘리제 궁전에 조지 퐁피두(Georges Pompidou) 대통령의 개인 아파트 장식을 맡았으며, 1983년에는 프랑수아 미테랑(Francois Mitterrand) 대통령의 사무실을 디자인하였다. 독일의 모더니즘과 미국 찰스 임스의 영향을 받은 그의 가구는 흐르는 곡선과 자연주의적 형태가 특징이며, 세련되고 미래 지향적인 디자인을 추구하였다.

네덜란드의 아티포르트(Artifort)를 위해 만든 혀 의자(Tongue Chair) 모델 577(그림 4.57)은 사람의 혀를 닮았으며, 무명의 폴린을 유명하게 만든 의자이다. 팝 아트의 특징을 내포한 이 의자는 금속관으로 틀을 만들고, 그 위에 라텍스를 얹어 양모로 마감하였다.

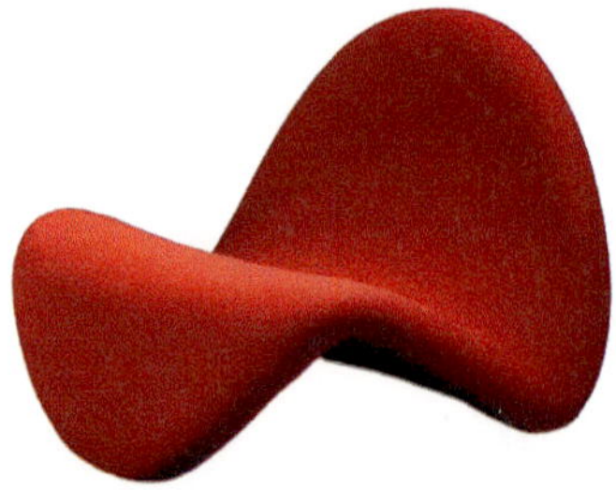

4.57 혀 의자 모델577, 피에르 폴린, 1967년
규격: 700×830×700(좌판높이400)mm

③ 필립 패트릭 스탁(Philippe Patrick Starck, 1949년~, 프랑스)

파리에서 태어난 스탁은 1968년 파리의 에콜니심드카몽도(Ecole Nissim de Camondo)에서 제품디자인과 인테리어를 공부하다가 배울 것이 없다는 생각에 중퇴하였다. 1968년 19세의 나이로 풍선을 생산하는 회사를 창업했으며, 1970년에는 패션 디자이너 피에르 가르댕(PIERRE CARDIN)의 아트 디렉터로 근무하였다. 1979년에 스탁 프로덕트(Starck Products)를 설립하여 활동하다가 1982년에 엘리제궁의 프랑수아 미테랑(François Mitterrand) 대통령의 개인 사저 인테리어를 맡게 되면서 국제적인 명성을 얻게 된다. 스탁은 어렸을 때 매우 가난하여 집에 가구가 없었는데, 그것이 그가 가구디자인을 하게 된 이유이며, 디자인은 패션이나 트렌드와 관련이 없으며, 창의성, 정직, 생태학, 기술 그리고 혁신이 중요하다고 주장하였다.

W.W.스툴(그림 4.58)은 인삼의 뿌리를 모티브로 독일의 영화감독 빔 벤더스(Wim Wenders)를 위해 디자인하여 그의 이름을 따왔다. 알

루미늄에 래커도장을 하였는데, 좌판 위에는 등받이처럼 가지가 하나 나와 있고, 다리 하단에는 높은 스툴에 필요한 발받침처럼 삐죽한 것이 나와 있지만 모두 제 기능을 할 수 없다. 즉 스툴이라는 기능보다는 유기적인 곡선이 돋보이는 조형성에 치중한 오브제에 가깝다.

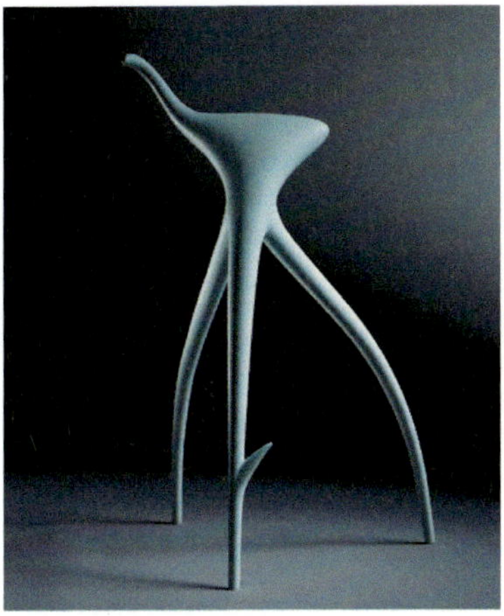

4.58 W.W. 스툴, 필립 스탁, 1990년
규격: 560×530×970mm

카르텔에서 생산하고 있는 루이스 고스트 체어(Louis Ghost Chair, 그림 4.59)는 화석 기반의 폴리카보네이트(polycarbonate)에 비해 이산화탄소 배출량을 60% 줄인 친환경 재료인 폴리카보네이트 2.0으로 만들었다. 바로크 양식이 묻어나는 이 의자는 내구성이 뛰어나고 청결유지도 용이하다. 틀에서 하나의 덩어리로 찍어냈기 때문에 여러 개의 부품으로 조립된 의자에서 나타나는 결합이 없다. 투명하여 실내공간이 넓어 보이고, 경쾌함을 느낄 수 있다. 또한 가볍고 최대 7개까지 쌓을 수 있으므로 이동과 적재가 용이하다.

4.59 루이스 고스트 체어, 필립 스탁, 1991년
규격: 540×550×940mm

위에서 살펴본 바와 같이 현대가구는 대량생산을 지향하는 모더니즘과 달리 기능보다는 감성적 요소가 가미된 휴머니즘을 중요시하는 포스트모더니즘이 중심이 된다. 즉, 소비자의 개성이 강조되면서 다품종의 소량생산이 이루어진다. 재료는 모더니즘시대에 주로 사용되었던 목질재료와 철제가 계속해서 사용되나, 플라스틱이라는 새로운 재료의 등장은 가구의 역사를 획기적으로 바꿔놓는 계기가 되었다. 즉, 이전에는 구현이 어려웠던 유기적인 형태와 화려하고 다양한 색상의 플라스틱 가구가 나타난 것이다. 또한 과다한 소비로 환경에 대한 각성이 요구되면서 버려지는 재활용 재료를 사용한 업사이클링 디자인 가구가 등장한 것이 특징이다.

맺음말

인간의 삶과 밀접한 관련이 있는 서양의 가구는 고대부터 현재까지 시대에 따라 조금씩 변화되어 왔다.

고대의 가구는 왕족이나 귀족만이 사용할 수 있는 것으로 신성시되어 왔으며, 스툴, 의자, 침대, 함, 탁자 등이 있었다. 목재를 주로 사용하였으며, 형태는 단순하며, 상아나 금칠로 부분장식을 하였다.

중세에도 가구는 여전히 귀족만 사용할 수 있었으며, 고대보다 세밀한 목재조각과 장식이 많아진다.

근대는 전기와 후기로 나뉘며, 근대 전기의 가구는 바로크와 로코코 양식을 시작으로 다양한 양식이 나타나는데, 특히 치펀데일과 같이 가구 제작자의 이름을 딴 양식이 최초로 나타난다. 또한 목재를 중심으로 쿠션과 천을 사용하는 의자와 세티 같은 벤치가 출현하는 것이 특징이다.

근대 후기는 산업혁명으로 인해 대량생산되는 가구가 등장한다. 모더니즘이 중심이 되는 이 시기의 가구들은 기계 제작이 용이한 직선적 형태가 많으며, 철제와 유리의 사용이 두드러진다.

현대 가구는 포스트모더니즘이 중심이 되어 기능보다는 감성적 요소가 중요시되는 디자인이 주류를 이룬다. 플라스틱 가구가 발달하면서 목재에서 볼 수 없는 화려한 색상과 유기적인 형태의 가구들이 증가한다. 또한 환경에 대한 각성으로 재활용 재료를 활용한 가구가 주목받고 있다.

이렇듯 역사에 기록되는 가구들의 특징은 크게 세 가지로 분류할 수 있다.

첫째, 대량생산이 가능하고, 실용적이며 저렴하여 대중적인 사랑을 받는 가구이다. 대표작으로는 토넷의 의자 14번과 알토의 쌓는 스툴, 야콥슨의 개미의자, 판톤의 판톤체어 그리고 피레티의 플리아 의자 등이다. 즉, 이러한 가구들은 대부분 바우하우스를 중심으로 하는 모더니즘 가구로 시대를 불문하고 사랑받고 있다.

둘째, 사용하기엔 불편하지만, 소장의 가치가 있는 기능보다 감성에 치우친 가구이다. 대표작으로는 매킨토시의 힐하우스, 리트벨트의 적청의자 그리고 소트사스의 칼튼 등이다. 즉, 이러한 가구들은 대부분 역사적인 디자인 양식에 속해있거나, 휴머니즘을 강조한 포스트모더니즘 가구로 실용성보다는 장식을 가미하여 인간의 감성을 자극한다.

셋째, 새로운 기술이나 신소재로 만들어진 가구이다. 대표작으로는 금속관으로 만든 브로이어의 바실리 체어, 플라스틱으로 만든 사리넨의 튤립의자, 철사그물망으로 만든 베르토이아의 다이아몬드 의자, 투명한 비닐로 만든 블로우 안락의자, 프랭크 게리의 종이 의자, 지엥타의 플롭스툴 등이다. 즉, 이러한 가구들은 아르누보, 모더니즘, 포스트모더니즘과 같은 양식이나 시대에 구애받지 않는 혁신적인 기술이 필요한 가구로 향후 세계의 가구가 나아가야 할 방향이라고 생각한다.

참고문헌

니시카와 타카아키, 박유미 역, 2019, 명작의자 유래사전, 한스미디어

문선옥·조숙경, 2014, 실용가구용어사전, 경상대학교출판부

방향란, 2022, 고대 이집트 가구의 조형 연구, 전북대학교대학원 미술학과 박사논문

오영근, 1999, 세계가구의 역사, 기문당

임종애, 2017, 이탈리아 브랜드 철학, ㈜부즈펌

조숙경, 2022, 가구재료학, 기문당

조숙경, 2012, 독일가구디자인, 기문당

조숙경, 2021, 소파 개론 및 실습, 미진사

조숙경, 2023, 평상부터 돌침대까지, 성안당

조 스즈키, 전선영 역, 2016, 명품가구의 비밀, 디자인하우스

최이승, 2007, 가구의 역사 & Process, e-퍼스트

필익비, 2023, 이탈리아 르네상스 의자의 조형 연구, 전북대학교대학원 미술학과 박사논문

한가람디자인미술관, 2007, 베르너 판톤, 한가람디자인미술관

Alexander von Vegesack, 1987, Das Thonet Buch, Bangert Verlag, Germany

Lydia L, Dewiel, 1999, stühle sessel, Heyne Verlag, Germany

RotoVision SA, 2001, the best table·chair·lights, England

Sembach, Leuthäuser, Gössel, Möbeldesign, Taschen Verlag, Germany

Thames & Hudson, 2022, Mid-Century Modern Furniture, Thames & Hudson Ltd, USA

Wilhelm Heyne Verlag GmbH & Co.KG.1993, Thonet Möbel, Germany

연보

고대 (기원전 3000~기원후 476년)

이집트	이집트	이집트	그리스	로마
				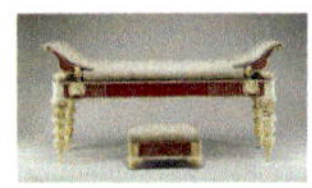

중세 (477~1452년)

로마네스크	고딕	고딕	르네상스	르네상스
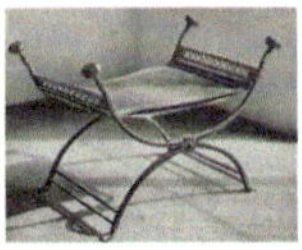				

근대 전기 (1453~1815년)

바로크	바로크	바로크	로코코	앤여왕 양식

조지안 양식	조지안 양식	조지안 양식	치펀데일 양식	윈저체어

헤플화이트 양식	세러턴 양식	셰이커가구	앙피르 양식	앙피르 양식

리젠시 양식	빅토리아 양식			

근대 후기 (1816~1945년)

1825

1856

1859

1860

1886

1895

1902

1902

1902

1905

1907

1917

1918

1925

1926

1926

1927

1927

1928

1928

1929

1931

1932

1932

1934

1934

현대 (1946년~현재)

1948 
1950 
1950 
1950 

1951 
1952 
1952 
1954 
1956 

1956 
1956 
1957 
1957 
1958 

1959 
1960 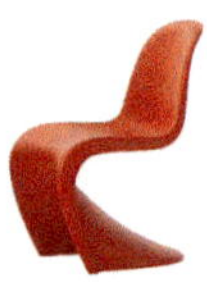
1962 
1962 
1965 

1967 
1967 
1967 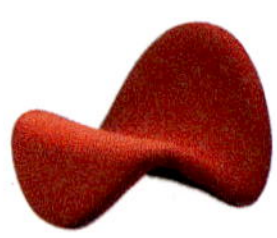
1967 
1968 

1970 
1970 
1972 
1978 
1979 

1981

1982

1983

1983

1986

1987

1987

1988

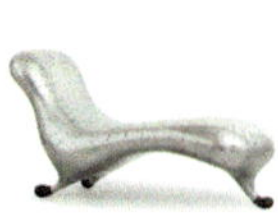

1989

1990

1991

1991

1991

1993

1996

2000

2002

2003

2003

2004

2004

2004

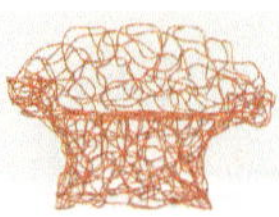

2008

2016

저자소개

조숙경 서일대학교 생활가구디자인학과 교수

홍익대학교와 독일카셀대학교에서 목공예와 가구디자인을 공부했으며, 독일의 비테디자인과 (주)참솔가구에서 산업디자인과 가구디자인 실무를 경험하였다. (사)한국가구학회 회장을 역임하였고, 현재는 서일대학교 생활가구디자인학과 교수로 재직중이며, 이로채의 제품선정위원장을 맡고 있다. 저서에 평상부터 돌침대까지(2022), 한국과 독일의 부엌가구(2021), 소파 개론 및 실습(2021), 한국가구의 역사(2019), 한국현대가구사(2015) 등이 있다.

홈페이지 www.chodesign.com

서양 가구의 역사

2023년 8월 25일 1판 1쇄 인쇄
2023년 8월 30일 1판 1쇄 발행

저 자 조숙경
발 행 인 강해작
발 행 처 도서출판 기문당
주 소 서울시 성동구 무학봉 28길 4-1
전 화 02) 2295-6171(代)~5
팩 스 02) 6971-8188
출판등록 1976.10.7(1-44)
홈페이지 www.kimoondang.com
I S B N 978-89-6225-244-6 93630